Mon cahier nature été

玩转大自然 II

49个夏日创意亲子活动

[法]克里斯蒂安·沃尔兹（Christian Voltz） 著
刘天爽　王倩倩　译

上海科技教育出版社

目录

第一章 沙滩亲子活动

第二章 山林亲子活动

第三章 草原亲子活动

第四章 河边亲子活动

第五章 城市亲子活动

第一章
沙滩亲子活动

06

徒步捕捞

一名优秀的探险家可绝不会贸然出行。
在走上沙滩之前，先观察一下海浪，
确保即使最大的海浪袭来，也不至于把你拖入水中。

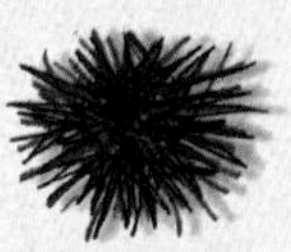

海胆
5厘米
（不要拾扎人的海胆）

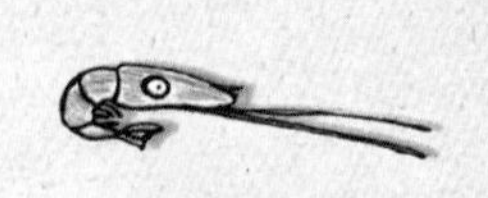

明虾
（或者褐虾）
3—5厘米

贻贝
4厘米

蛤子
3厘米

蛤蜊
3.5厘米

扇贝
4厘米

黄道蟹
13厘米

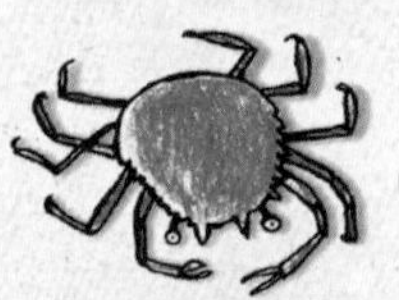

蜘蛛蟹
12厘米

拾贝壳、捉虾蟹，做一道海鲜大餐，真是令人向往！然而，你一定要确认那是能吃的东西后再去捡拾，而且要注意猎物的大小：要把过小的虾、蟹、贝类留在海里，让它们完成生长繁衍的使命。

你的装备

活动

制作海藻标本

你想制作一个海藻标本或者一幅海藻画吗？其实这并不难。不过最好选用薄而细的海藻，这样的海藻干得快。

1 在盆里装上浅浅的一层海水，1厘米深就够了，然后在水面铺上一片或多片海藻。

2 把一张硬纸插到海藻下方，用它托起海藻，再把它慢慢从水中平取出来。

3 制作海藻标本要用到的物品有：两块木板，一个日记本，一张硬纸，一片细纱布（保护海藻用），一些报纸和几块压木板的石头。

每天更换报纸，直到海藻干透并且贴合在硬纸上。

采集浮游生物

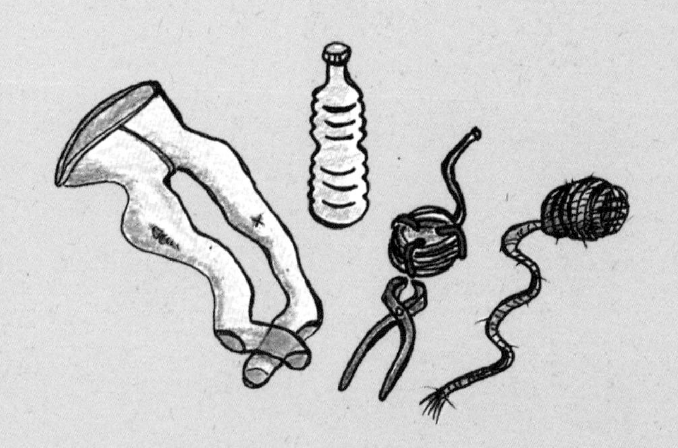

1 找一只旧长筒丝袜，截取中间50厘米长的一段，把开口大的一端缝在坚固的铁丝圈上。在铁丝圈上均匀地系上3根一米长的细绳，再把这3根绳子的另一端系在一起，绑在另外一根绳子上。

2 在丝袜的另一端固定半个带底的塑料瓶，然后拖着这个装备在水里走上5分钟，不过要当心：别让浮藻钻进去，也别刮到水底的泥沙。

3 捕捞结束后，取下小瓶，放到一块黑布上。现在这小瓶里到处都是浮游生物。用一盏台灯照明，你就会更清楚地看到它们在水里游来游去啦。

你想不想了解水中的故事？想不想探索小虾小蟹的世界？想不想知道海葵和寄居蟹都生活在什么地方？

制作
水中观察器

它会带给你一个精彩纷呈的水下世界！

沙滩雕刻

乌贼是一种海洋软体动物，它长着十根触手和一个怪脑袋。

有时候，我们会在沙滩上看到乌贼骨，它们是被海浪冲卷上岸的。这些乌贼骨疏松多孔，既轻巧又容易雕刻。只需一颗钉子和一把小刀，你就可以雕刻出滑稽的人物形象啦！

你可以像这样，把几块乌贼骨粘在一起。

你也可以像这样，粘上一些石子和贝壳。

再教你做一个小手工吧!
需要准备的材料有:

五颜六色、形状各异的石子和贝壳

一点胶水

些许想象力

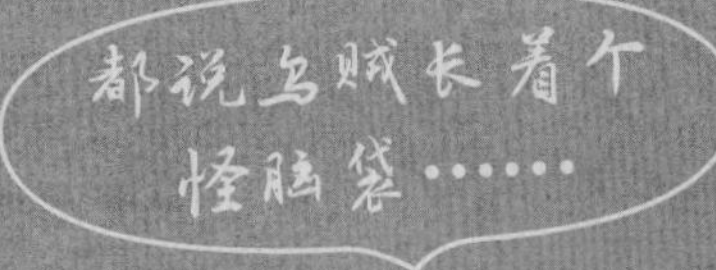

亲手制盐

要完成这项任务，只需要一点海水和一个浅盆，现在看你的啦！

1 找一个浅底大盆，盆子最好选深色的，往里面注入1厘米深的海水，放到阳光底下曝晒。

2 如果发现海水变少了，就再加一些。不久在盆的边缘，你会看到一些渐渐析出的晶体，这就是盐花。

3 海水会不断被蒸发掉，你就要不断加水，直到收获到足够多的盐。即使是大热天，制盐也需要几天的时间呢！

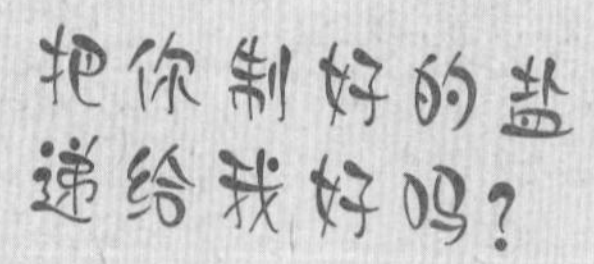

萨拉玛布勒教授的疯狂实验

提取淡水

现在，开始发挥你的想象力……想象一下：在一场海难过后，你流落到一座荒岛上。荒岛正处于茫茫大海之中，炎炎烈日炙烤着你，你却没有水喝。你陷入了绝望！幸好，萨拉玛布勒教授出现了，他可以帮助你从咸的海水中提取出淡水！你得救了！

怎样提取淡水呢？

你可以建造一个迷你脱盐小工厂，然后把它放到太阳底下。

1. 一只沙拉碗
2. 一张塑料薄膜
3. 一粒石子
4. 一根橡皮筋
5. 一个空杯子
6. 一块小石头（放到玻璃杯底部防止杯子歪倒）
7. 些许咸海水

脱盐小工厂的生产流程：

1. 在阳光的曝晒下，沙拉碗中的海水开始蒸发，盐留在了碗底。
2. 蒸发的水蒸气在沙拉碗顶端的塑料薄膜上凝结成小水珠。
3. 这些小水珠最终会落到放置在沙拉碗里的空杯子中。
4. 碗底还没有蒸发掉的海水会变得越来越咸。

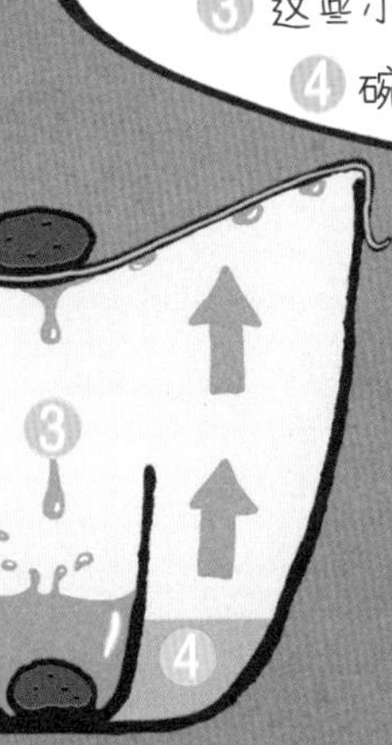

听起来还不错吧？可是，接满一杯水要等好久啊！

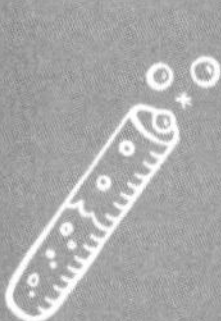

不知名的小鸟

假期可是个好时机，我们可以利用这段时间去寻找不知名的小鸟。带上你的铅笔和画夹，出发吧！

嘘！这里有一只！

一边悄悄观察，一边迅速用简单的线条勾勒出鸟儿的轮廓。

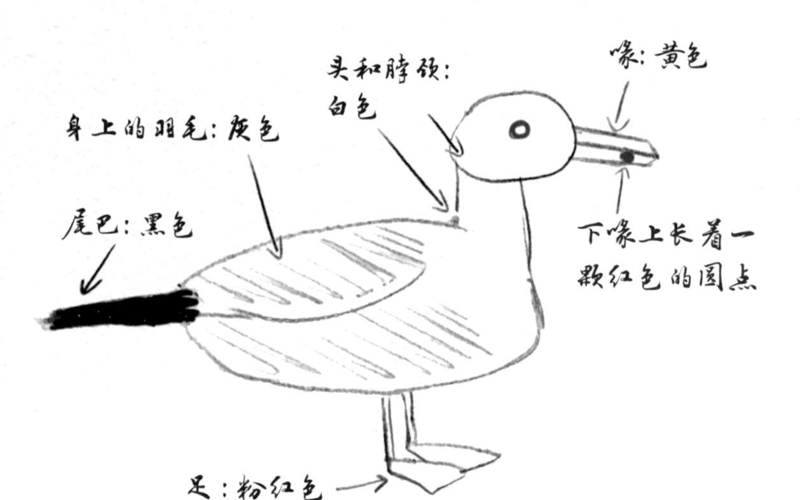

用彩色铅笔上色的话，时间恐怕是不够的。

那就在旁边记录下小鸟身体各个部位的颜色吧……

回到家之后，

再慢悠悠地重新画一遍吧。然后，去鸟类名录中找出它的名字。

现在，轮到你画啦！

北极海鹦风筝

制作一个北极海鹦风筝，只要按照以下步骤进行就好啦……当风儿吹起时，你的北极海鹦就会展翅高飞了！

北极海鹦长什么样？

它的脚蹼是橘黄色的，大大的喙又尖又红，非常容易辨认。它的外号叫做“海洋小丑”。但千万不要以貌取人，它可是一名优秀的潜水能手呢！只需扇动几下翅膀，它就可以在水下游走啦。北极海鹦囤积猎物的方法也很奇特：它会用长满钩子的舌头把猎物串成一串儿。

必备材料：

一张65厘米长、50厘米宽的纸，在创意礼品店可以买到

3根长短不同的木棍（木棍A：34厘米。木棍B：48厘米。木棍C：38厘米。）

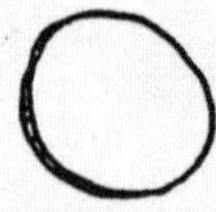

两张圆形的纸板（直径为8厘米）

一条5米长的细绳

一卷胶带纸

打个活结

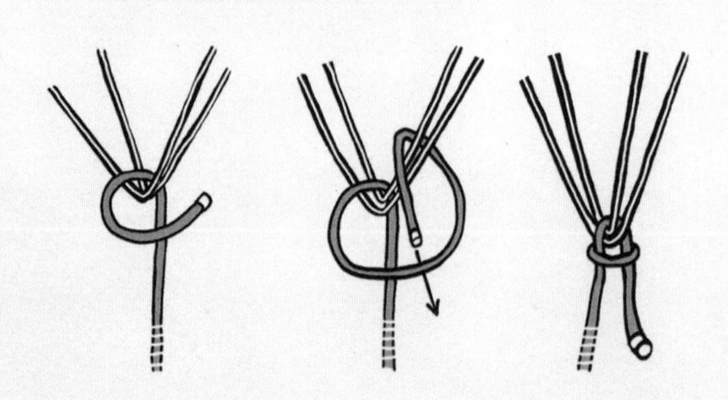

1. 取一张纸，裁剪出北极海鹦的形状，再将它粘到纸板上，使风筝变得坚固而不易被风吹破。

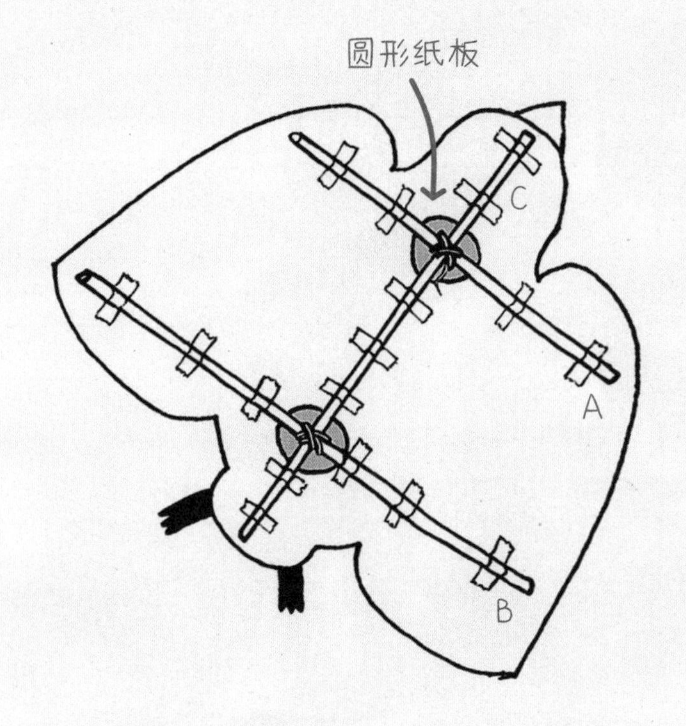

2. 如图所示将A、B、C这3根木棍摆好位置，然后在木棍交叉处，用细绳打上结，系牢。

3. 用胶带纸将木棍固定在风筝上。

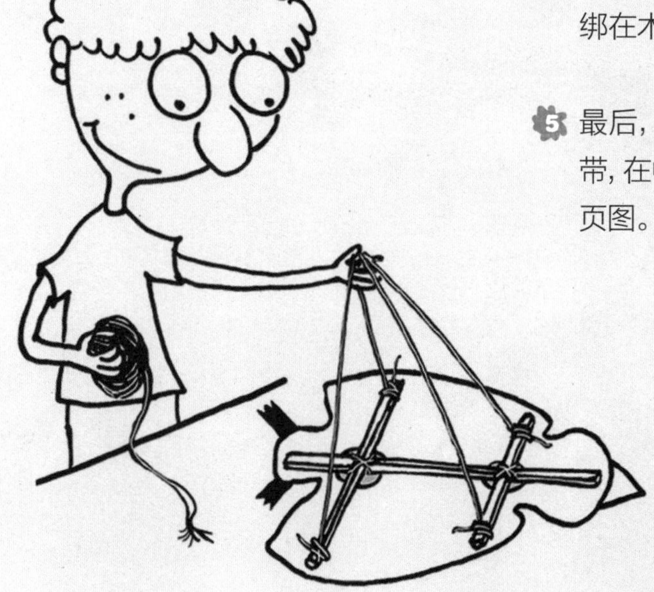

4. 剪下两段60厘米长的索带，索带两头分别绑在木棍A、B的两端。

5. 最后，取一根3米左右的细绳，穿过两条索带，在中间部位打一个活结，活结打法见左页图。

小贴士

如果你想让风筝更坚固，就要选用质地更厚实的纸张，或者多衬上几层纸。

怎样捉
~明虾~

带上一个直径不小于20厘米的抄网和一个篮子。

1 找一个隐藏在海边岩石下的大水洼，水洼位置越低越好。如果海面十分平静，就可以等海水退潮到最低点、岩石全部露出来的时候，守在岩石旁边捕捉明虾了。虾喜欢躲藏在海藻下、岩石的缝隙里。

2 把抄网伸进海藻中，捕捉明虾的动作要快，但不要太粗暴哦。

千万不要把螃蟹和虾放在同一个篮子里！

沙滩宝藏

寻宝指南

沙滩宝藏

海浪袭来，将依附在岩石上的海藻连根拔起；海浪退去，海藻就堆积在沙滩上，沿着海岸线形成一条长长的黑色带子，我们称之为“退潮残余物”。

在那里，你可以寻觅到来自深海的贝壳、乌骨、鱼骨、鳐鱼或者软体动物的卵、被海浪雕琢而成的“漂流木艺术品”……捡拾它们，你的沙滩寻宝之旅就开始啦！

什么时间？到哪儿寻找宝物？

虽然涨潮的时候退潮残余物触手可及，但最好还是等到退潮再去寻宝，因为这时沙滩上通常会出现好几条处于不同水位线的海藻带。

在大潮退去或是暴风雨过后，退潮残余物的种类尤其丰富。贝壳很容易被海藻聚积在大岩石周围的沙滩上，到那儿也找找看！

小心污染物！

别光着脚丫在退潮残余物上行走，因为它们当中会掺杂着扎脚的大块碎屑，很危险！也别试图敲开密封着的瓶瓶罐罐。在一些海滩上，海藻生长得特别茂盛。它们成堆成堆地生长，又在太阳的辐射下发酵腐烂。这时候它们就不再是退潮残余物，而是——污染物了！

牢牢记住：别踩在海藻上，它们可承受不住你的重量！

贝 类

鲍鱼壳

鲍鱼的外壳像岩石，是一件完美的伪装衣。若是没有遭到大浪的猛烈侵袭，它的内侧具有珍珠般的光泽，非常绚丽夺目。

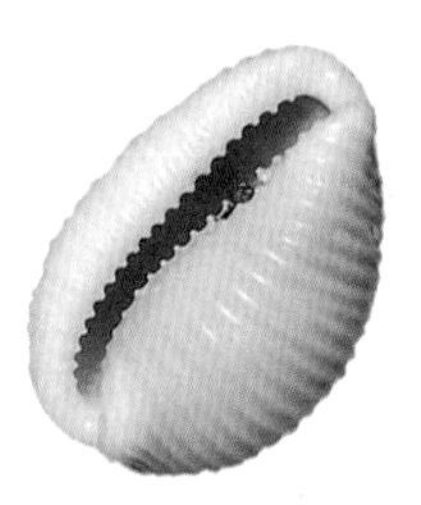

蛹 螺

它的外号又叫做“咖啡豆”、“瓷跳蚤”，这种美丽的小贝壳生长在岩石深处，以生活在岩石中的海鞘为食。

鱼 卵

猫鲨卵

猫鲨是一种小型鲨鱼，它的卵囊伸出一些细丝，能将卵固定在海藻上。

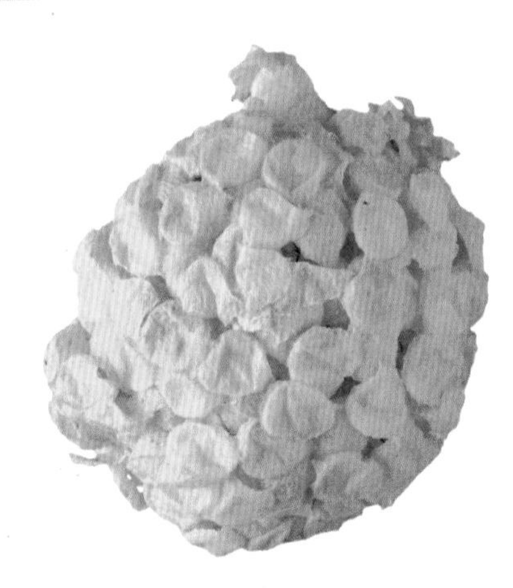

蛾螺卵

这团白色的物体是一种腹足纲动物蛾螺产下的卵。

海胆壳

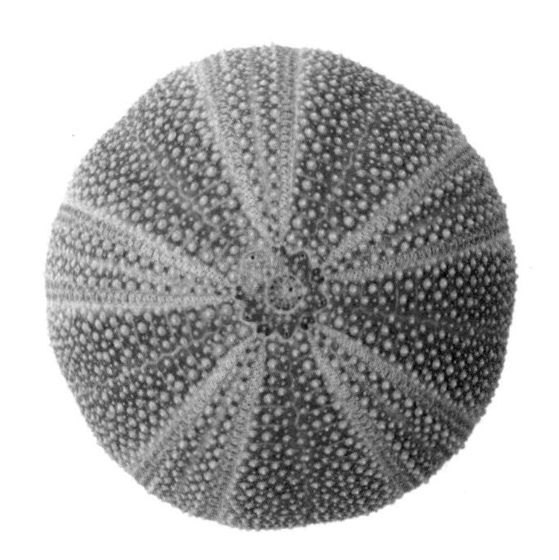

海胆壳

海胆的这层“铠甲”上通常长满了刺。请注意：要轻拿轻放，它们其实很脆弱！

海胆化石

生活在几千万年前的海胆，如今变成了一块石头。

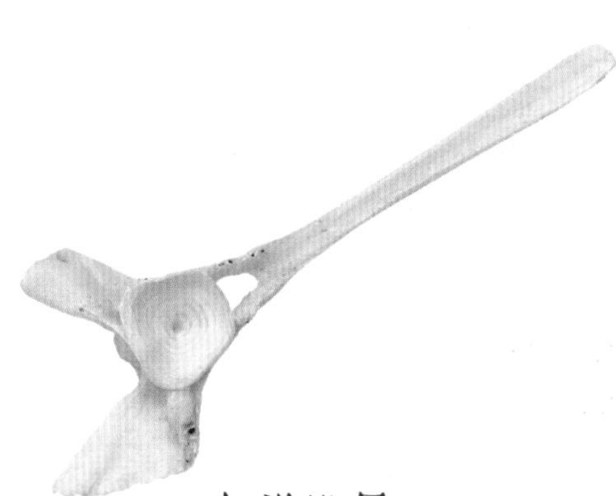

鱼脊椎骨

鱼脊椎骨的主骨部分（图中圆形区域）呈凹陷状，这是鱼类所独有的特征。哺乳动物的这个区域则是扁平的。

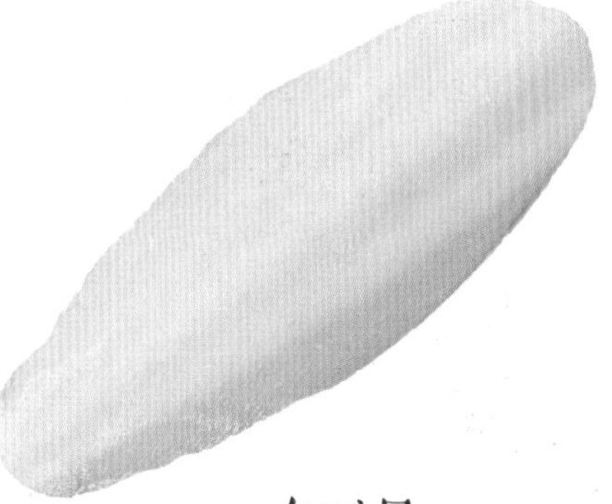

乌贼骨

乌贼这种软体动物实际上是有壳的，只是它的甲壳藏在身体内部，能帮助乌贼在水中自由漂浮。

颅骨

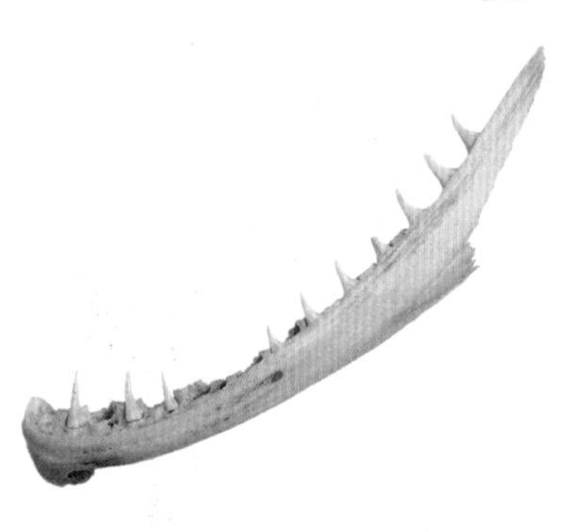

鲛鳒鱼下颌骨

鲛鳒鱼以小鱼为食，牙齿尖利。以贝壳为食的鱼类，牙齿则是浑圆的。

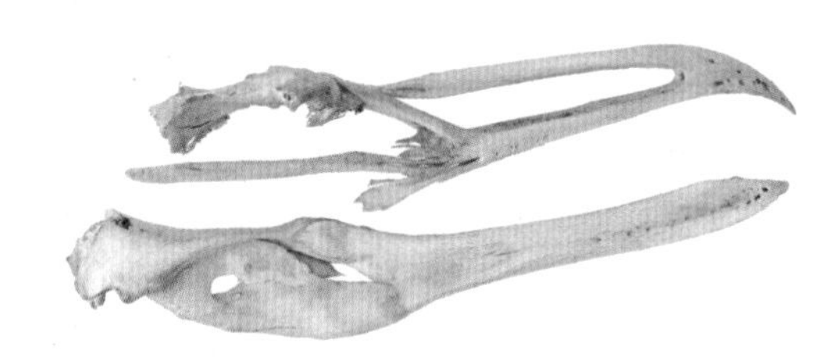

海鸥颅骨

鸟类的骨骼纤细脆弱。但是运气好的话也能够找到完好无损的海鸟头骨。

钻孔动物

木头里的船蛆

凭借锯齿状的外壳，船蛆这种软体动物可以在木头上挖洞，然后钻进洞内生活。

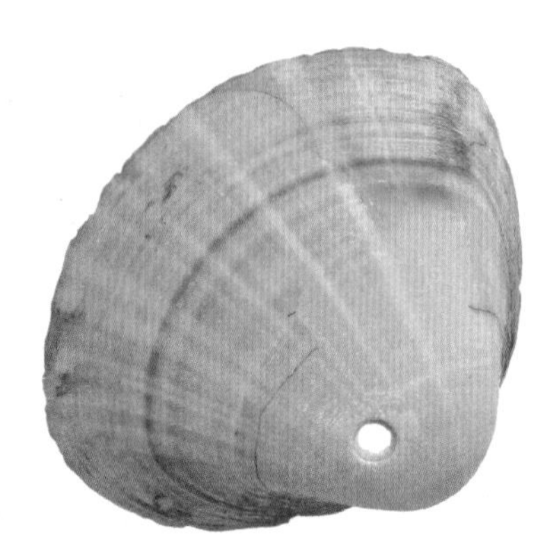

穿孔的贝壳

图中那个轮廓清晰的小孔是一种钻孔生物——食肉海蜗牛的作品。钻了这个洞之后，它就会用长管吸食猎物的肉。

植物宝藏

漂流木

落入河中的树枝漂向大海，途中历经沧桑，被海浪冲刷成工艺品。

海草团

海草团是海王神草——波喜荡的叶子在海水中翻滚、缠绕而成的。确切地说，波喜荡是一种地中海海草。

我的收获：

- ☐ 鲍鱼 时间：………… 地点：…………
- ☐ 蛹螺 时间：………… 地点：…………
- ☐ 猫鲨卵 时间：………… 地点：…………
- ☐ 蛾螺卵 时间：………… 地点：…………
- ☐ 海胆壳 时间：………… 地点：…………
- ☐ 海胆化石 时间：………… 地点：…………
- ☐ 鱼脊椎骨 时间：………… 地点：…………
- ☐ 乌贼骨 时间：………… 地点：…………
- ☐ 鮟鱇鱼下颌骨 时间：………… 地点：…………
- ☐ 海鸥颅骨 时间：………… 地点：…………
- ☐ 木头里的船蛆 时间：………… 地点：…………
- ☐ 穿孔的贝壳 时间：………… 地点：…………
- ☐ 漂流木 时间：………… 地点：…………
- ☐ 海草团 时间：………… 地点：…………

第二章
山林亲子活动

选择一套好装备

要穿得舒舒服服、严严实实：一双舒适的休闲鞋，一条柔软的裤子，一件T恤衫，一件挡风的外衣，一顶帽子，一副手套。

别忘了带上以下这些物品：

用坡度计 测量坡度

只需一把剪刀和一张硬纸板，就能做出一个能测量山体坡度的坡度计啦！

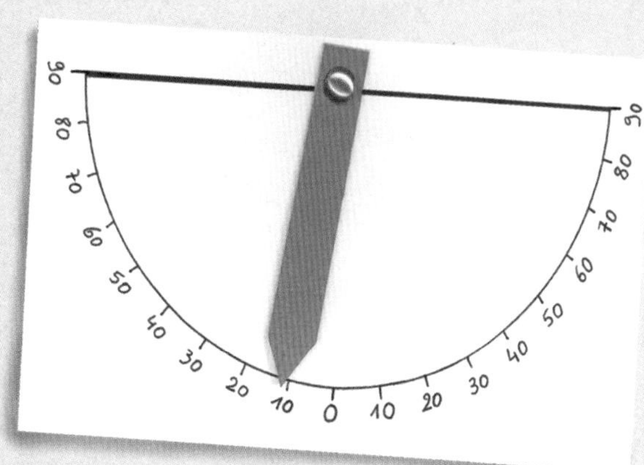

1. 取一张硬纸板，沿着量角器的边缘在上面画一个半圆，然后仔细标上刻度：中间为0度，两端分别为90度。

2. 用硬纸板剪一个箭头，用一颗铆钉把它固定在半圆的圆心处，确保箭头可以自由摆动。

3. 现在来试一下你的坡度计吧。把笔记本的一边用杯子垫高，使笔记本倾斜，再把坡度计立在笔记本上，箭头会摆动并指向一个刻度，这就是我们测量出的坡度啦。

快到山上去测量一下吧！

家庭自制奶酪

所需材料：

- 1升全脂牛奶
- 凝乳酶（30毫升装，药店有售）

1. 把1升全脂牛奶倒进锅里加热，当温度达到38℃时把火灭掉，加入4毫升凝乳酶，搅拌均匀。

2. 静置3小时。你会发现，牛奶凝结成块，一种透明液体慢慢渗出，这是乳清。

3. 继续加热15分钟，边加热边搅拌，以防止凝乳沉底粘锅。

4. 在网筛上铺一块干净的滤布，将凝乳倒在布上，然后用手挤压凝乳团（它马上就要变成奶酪啦，真的，相信我！），把液体的乳清挤掉。将凝乳团静置几个小时后将它翻个身，彻底沥去乳清。

我现在就想吃！

5. 第二天，从布上取下奶酪，放在平底盘上，在一面撒一些盐，然后把它放在通风阴凉的地方。第三天，把它翻个身，在另一面也撒上一些盐。在接下来的7天里，不断重复这一过程。

在品尝你亲手制作的奶酪之前，需要把它放在冰箱里冷藏几个星期，等待它完全发酵。要有耐心哦……

萨拉玛布勒教授的疯狂实验

岩柱

在山间漫步时，你一定见过一些奇怪的“雕塑”：一根土柱上面顶着一只石帽子。这到底是什么呢？它们是侵蚀柱！萨拉玛布勒教授不费吹灰之力，就可以告诉你它们是怎样形成的。

要怎样做呢？

在盘子里堆起一座小沙丘，在沙丘顶上放几枚硬币。如果天正下雨，就把它拿到室外淋雨，否则就用一只喷水壶往上面喷水。

岩柱是这样形成的：

水在沙丘上流淌，会带走一部分沙子，只有放着硬币的地方，沙柱还高高地耸立着。侵蚀柱的形成是同样的道理：岩石原本与周围地面齐平，但是随着周围泥土渐渐流失，最后它们竟然高高地耸立在土柱上面。

?!

现在我站在高处，怎么下来呢？

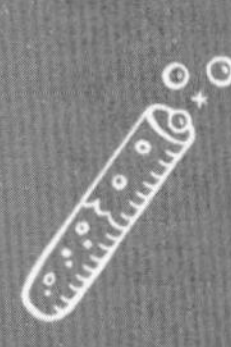

自制蓝莓果酱

做点蓝莓果酱吧，这样你一整年都可以随心所欲地享受蓝莓的美味啦！

需要的物品有：

1千克蓝莓　　糖　　水

1. 摘掉梗和叶，用冷水把蓝莓洗净，只保留果实。

2. 把蓝莓沥干，称重，再称相同重量的白砂糖，然后和蓝莓一起放到沙拉盆中，混和搅拌。

3. 将拌好糖的蓝莓倒进一个大锅里，加水，每千克蓝莓和糖加一杯水。锅口敞开，用文火慢煮。

4. 在水第一次煮开之后，将火调大，然后让锅内保持沸腾状态，再煮10分钟左右。煮的过程中不断撇去锅里的浮沫。

好吃！

5. 将果酱装进准备好的几只干净且干燥的瓶子里，注意要装满，让果酱与瓶口齐平。趁热将瓶盖盖上，拧紧，倒置于桌布上。等果酱冷却下来后，把它们贮放在干燥、避光的地方。

草莓果酱

测试湖水透明度

在测试湖水的透明度时，检测人员会把一个白色的圆盘沉入水里，直到圆盘再也看不见为止。你也可以采用类似的方法，只要拿一条绳子做工具就够啦。

1. 取一条长绳，在绳子上每隔 1 米的地方打一个结。然后在绳子的一端拴上一块浅色的大石头，另一端系在一根长棍上。

2. 到河边去，将长绳拴石头的一端慢慢放入水中，一边往下放绳子，一边观察石头是否可见，同时数没入水里的绳结个数。当你看不见石头时，停止手上的动作。

这时你数到的绳结个数，就反映了湖水的透明度。

0 1 2 3 4 5 6 7 8 9 10 11 12

1 2 3 4 5 6 7 8 9 10 11 12 13 14

在一张硬纸板上，画出一些间隔2厘米的水平线和垂直线，制成一个格子板。在网格的相应位置做标记，在纸板上描出鹰的轮廓。然后，在大人的帮助下，沿着轮廓把中间部分挖掉。一个镂空的鹰模板就做成了。你可以用它来制作蛋糕，但也可以用它仿制一枚威严的徽章……

配料：

- 一块白巧克力（200克）
- 4个鸡蛋
- 125克黄油
- 100克糖
- 50克面粉
- 50克杏仁粉
- 少量巧克力粉

1. 把烤箱预热到180℃。
2. 把巧克力掰成小块，和黄油一起放进锅里，用文火加热，使其慢慢融化。
3. 在一个大的沙拉碗里打4个鸡蛋，加入白糖，搅拌均匀。然后将融化的巧克力和黄油倒入碗里，一起搅拌，混合均匀，再加入面粉和杏仁粉，再次搅拌均匀。

4. 在长方形的烤盘内涂上一层黄油，倒入刚才混合好的食材。把烤盘放进烤箱里，烤20分钟。
5. 把蛋糕取出炉，把做好的模板盖在热腾腾的蛋糕上，在镂空的地方撒些巧克力粉。取掉模板，鹰的形状就显现在蛋糕上面啦。

大功告成啦！现在只要等待蛋糕冷却下来，就可以享用啦！这顿皇家盛宴一定会惊呆所有的小伙伴，等着瞧吧！

烹饪

繁星之上

你是否梦想过探索宇宙的奥秘？快拿起铅笔，做一个小游戏吧！

1. 大熊星座又叫什么？

- ▲ 大汤勺
- ● 大汤锅
- ■ 大平底锅

2. 什么是流星？

- ▲ 从太阳上掉下的碎片
- ● 一颗燃烧的陨星
- ■ 熄灭的恒星

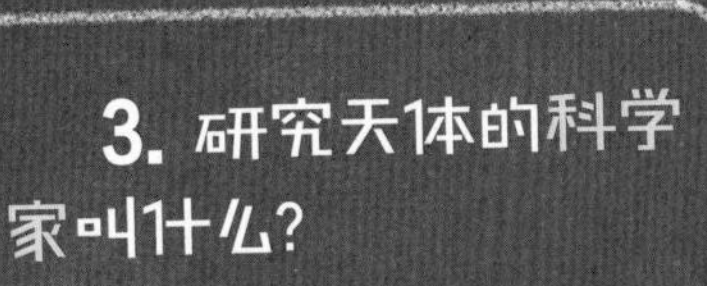

3. 研究天体的科学家叫什么？

- ▲ 宇航员
- ● 占星师
- ■ 天文学家

下面有一首小诗，你能从中看出点什么吗？

溪水缓缓流，金鱼池中游。地上出新柳，野火烧一秋。草木年年有，土地现耕牛。天上鸟啁啾，海水碧悠悠。

不就是一首描写春天的小诗嘛！不仅仅是这样……这还是个文字游戏呢！我们可以从中了解到太阳系行星的顺序。每句诗中的金色字就代表一颗行星的名字。从前到后，按照离太阳由近到远的顺序排列。

你看出来了吗？

游戏

答案见103页

山上的石子
寻宝指南

寻宝指南

上路喽！

所有石头都长一个样？它们之间没有任何差别吗？如果你这么认为，那你可就错了！

全世界有几千种岩石，其中有30多种在山中很常见！一边仔细观察，一边学着认识这些岩石，慢慢地，你就会成为一名小地质学家啦。大山里面有好多奥秘等着你去发现呢！

你的装备：

- 一个双肩包，留着装石头用……还要带点水。
- 一把小榔头、一把鹤嘴锄和一把凿子，用以凿下碎石块。
- 一支毛笔和一把刷子，用来清理石块。
- 一把锤子，用来敲碎屑。
- 一个放大镜，便于观察石块。
- 铅笔和笔记本，用来记录石块的特点。

当心!

- 有些岩石很锋利，会割伤或者擦伤你的皮肤。
- 有些地方的岩石是保护品种，不能碰哦!

三大岩石

山上的岩石是很久很久以前形成的，它们的形成方式各不相同。

- 沉积岩是由沉积在海底或者湖底的颗粒物和小动物的甲壳及骨骼构成的，它们历经时间的洗礼，变成了坚硬的岩石。
- 岩浆岩是由矿物晶体构成的，它们是岩浆冷却之后形成的。火山爆发的时候，岩浆就从地下深处喷涌而出。
- 变质岩是地下深处的岩石受到多层岩石的挤压，在挤压过程中发生变质，从而形成的新型岩石。

沉积岩

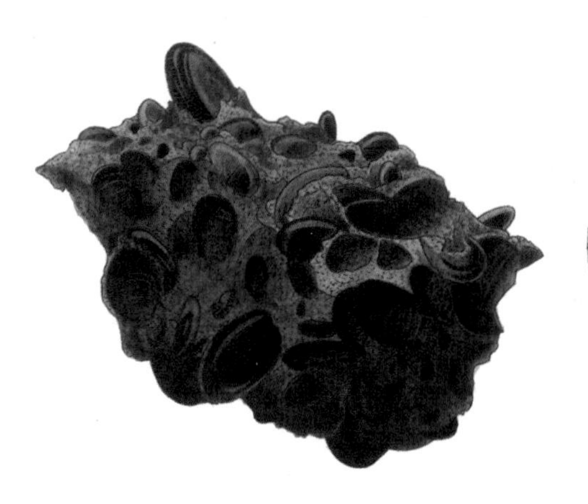

砾　岩

它是石子和沙土胶结而成的岩石，就像天然的混凝土。

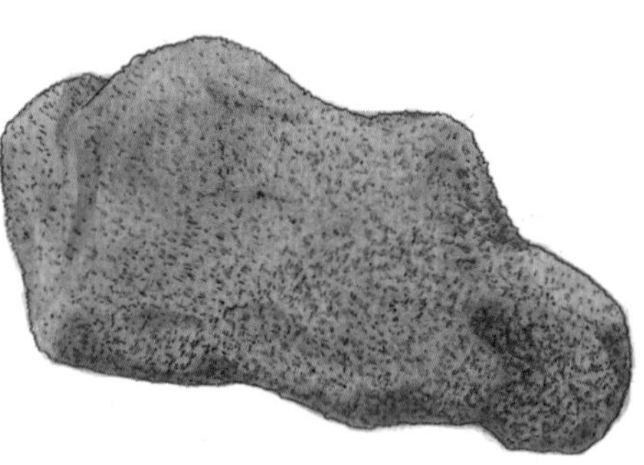

砂　岩

水在流动的过程中把砂砾搬运到一起，砂砾紧紧地粘连成石块，从而形成了砂岩。

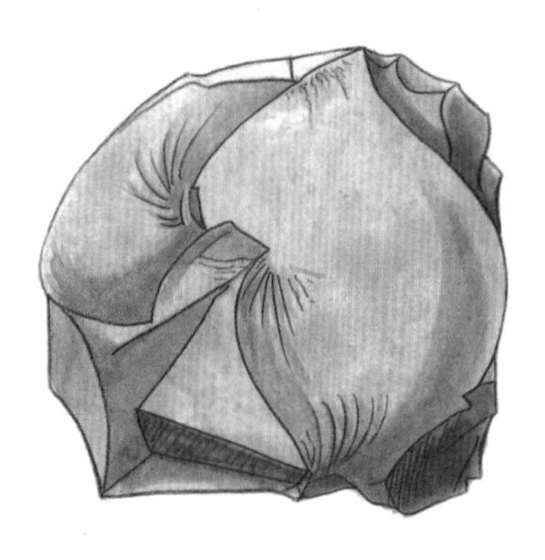

细晶灰岩

这种石灰岩摸起来非常光滑，没有明显的颗粒感。它完全是由浮游生物的微小骨骼和石灰质甲壳构成的。

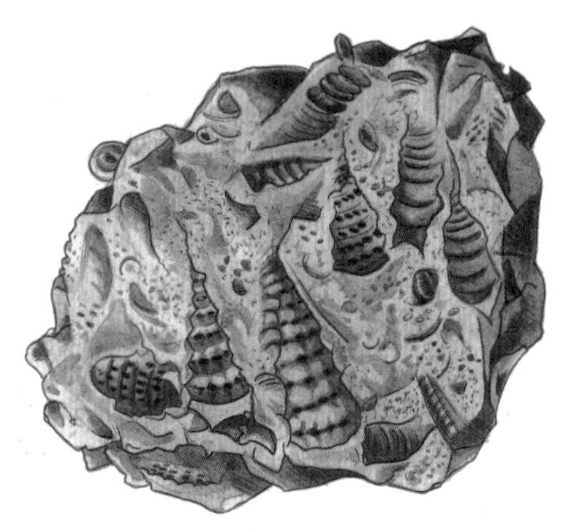

骨架灰岩

在骨架灰岩中，我们可以看到贝类和菊石等生物的痕迹，不过它们都已经变成化石啦。

岩浆岩

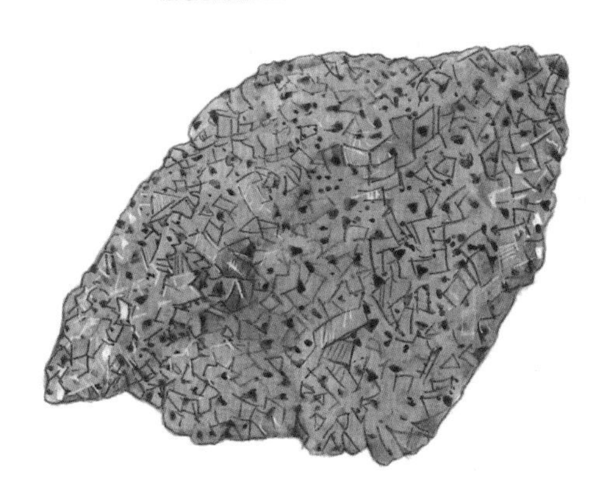

花岗岩

花岗岩主要含有石英、云母和长石等成分，里面聚集着大小不一的白色、粉红色和黑色的晶体。

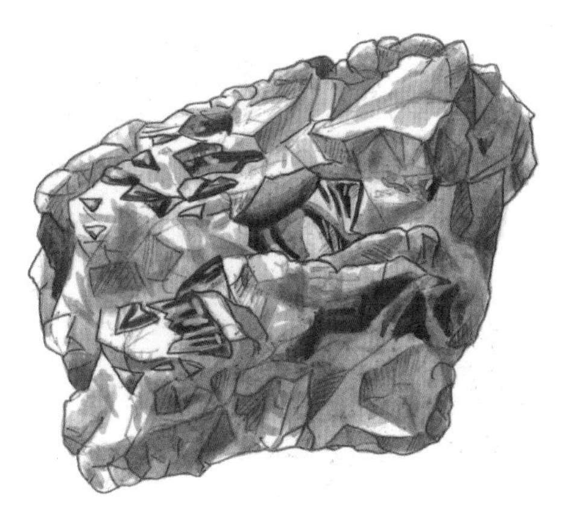

伟晶岩

它看起来与浅色的花岗岩很像，里面含有细小的、闪亮的云母晶体。

流纹岩

这是一种浅色（灰色、粉红色或者红色）的岩石，表面带有小黑点，这是因为其中含有一些小晶体。

玄武岩

这种岩石黯淡无光、沉重、个头大，由火山熔岩迅速凝结而成。

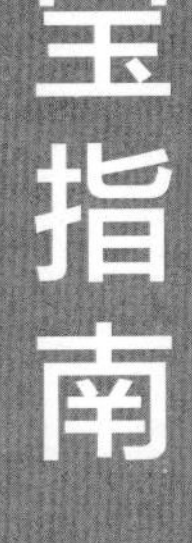

变质岩

板 岩

这种岩石是灰色或者黑色的，它的外表往往光滑如缎，很容易剥成薄片。

云母片岩

它的外表是片状的，闪着银色或金色的光泽，它的内部有时会含有一些天然的“金矿”呢。

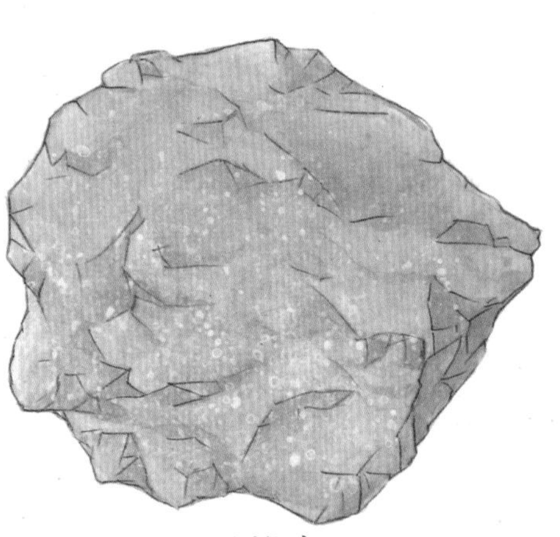

石英岩

这是一种大块的浅色岩石，它的外表是颗粒状的，就像凝结成块的白砂糖。

大理石

石灰石经挤压形成大理石，它是白色的，很坚固，有时候会带一些棕色、黄色、绿色或是黑色的纹理……

片麻岩

由于这种岩石里也含有一些深色的矿物成分，所以它和花岗岩很像，但是片麻岩的表面却呈现出条带状的纹理。

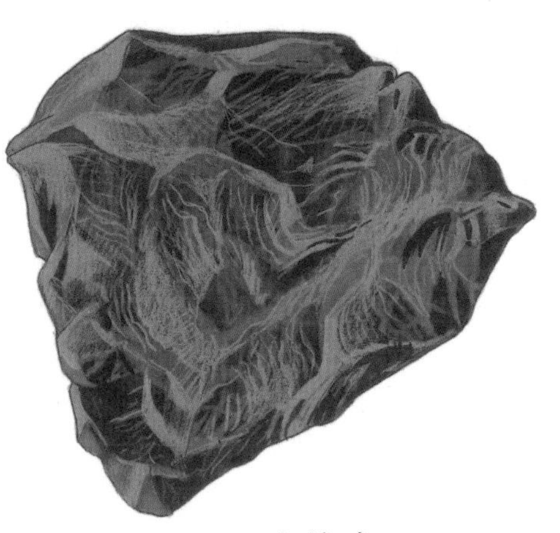

蛇纹岩

蛇纹岩又厚实、又沉重，它是绿色的，表面呈现出油脂或蜡质光泽。

我的收获：

- □ 砾岩 时间:________ 地点:________
- □ 砂岩 时间:________ 地点:________
- □ 细晶灰岩 时间:________ 地点:________
- □ 骨架灰岩 时间:________ 地点:________
- □ 花岗岩 时间:________ 地点:________
- □ 伟晶岩 时间:________ 地点:________
- □ 流纹岩 时间:________ 地点:________
- □ 玄武岩 时间:________ 地点:________
- □ 板岩 时间:________ 地点:________
- □ 云母片岩 时间:________ 地点:________
- □ 石英岩 时间:________ 地点:________
- □ 大理石 时间:________ 地点:________
- □ 片麻岩 时间:________ 地点:________
- □ 蛇纹岩 时间:________ 地点:________

第三章
草原亲子活动

惊呆你的小伙伴

野芝麻外表很像荨麻，它们之间最大的区别就是野芝麻不会扎人。

你可以在伙伴们面前摸摸野芝麻，表现出不怕疼的样子。不过要小心，可别摸错了哦！下面介绍几个区分野芝麻和荨麻的小窍门：

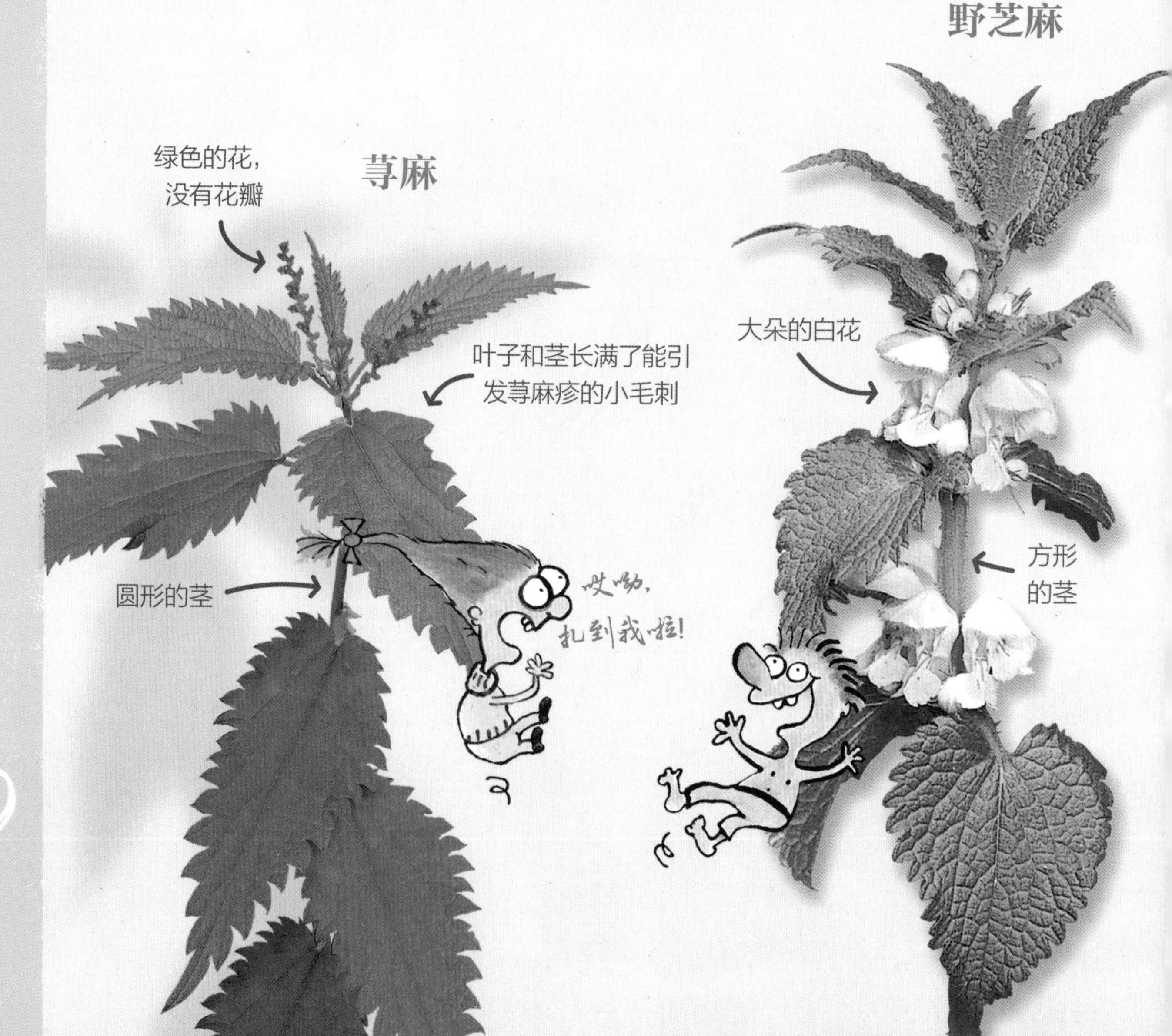

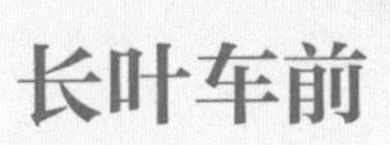

如果你不小心被荨麻的毛刺扎到了，可以用车前草的叶子擦拭肿起的部位，疼痛的感觉很快就会消失啦！

喂养毛虫

孔雀蛱蝶的幼虫喜欢聚居在荨麻的叶子上，所以在那儿很容易发现它们。捉几只回来，看看它们如何实现从毛虫到蝴蝶的华丽蜕变吧！

孔雀蛱蝶

孔雀蛱蝶的毛虫是黑色的，身上带有浅色的小圆点，并且布满黑刺。

1 首先，连根挖起一棵荨麻，移栽到花盆中。

2 找一个大纸箱，把它改造成下图的形状：

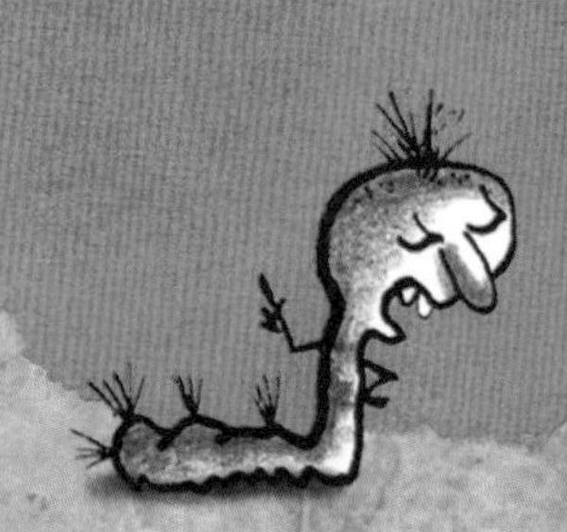

如果你有鱼缸，可以用它来代替大纸箱。把纸箱搬到有阳光的地方，但不要直接放到太阳底下曝晒。如果荨麻死亡枯萎了，别忘了更换一些新的。还要记得定时清理毛虫的粪便和其他垃圾。蝴蝶一旦破茧而出，记得立即把它们放回到大自然，它们要去花朵上觅食呢！

超级鞭炮

握紧拳头，把大拇指放在拳口上。在大拇指上放一片丽春花的花瓣，用另外一只手拍打花瓣。

偷渡客

田间玩耍归来，仔细看看你的衣服和鞋子，说不定会发现植物的种子哦！

如果想知道到底是什么植物的种子，就去播种吧。把鞋底的泥土刮下来，收集到小器皿里面，再浇些水。不久以后，就会有小芽从泥土中钻出来啦！

鼹鼠还是田鼠？

你看见的那一小堆一小堆的土，叫鼹鼠丘，不过那可不一定是鼹鼠的作品。轻轻拨开土堆上的土，找找洞穴的入口。

如果洞口是椭圆的，并且处在土丘的正中央，那么说明你正站在鼹鼠的领地上。

如果洞口是圆形的，并且洞口处在土丘的侧面，那么，这是田鼠的家园。

蜘蛛课堂

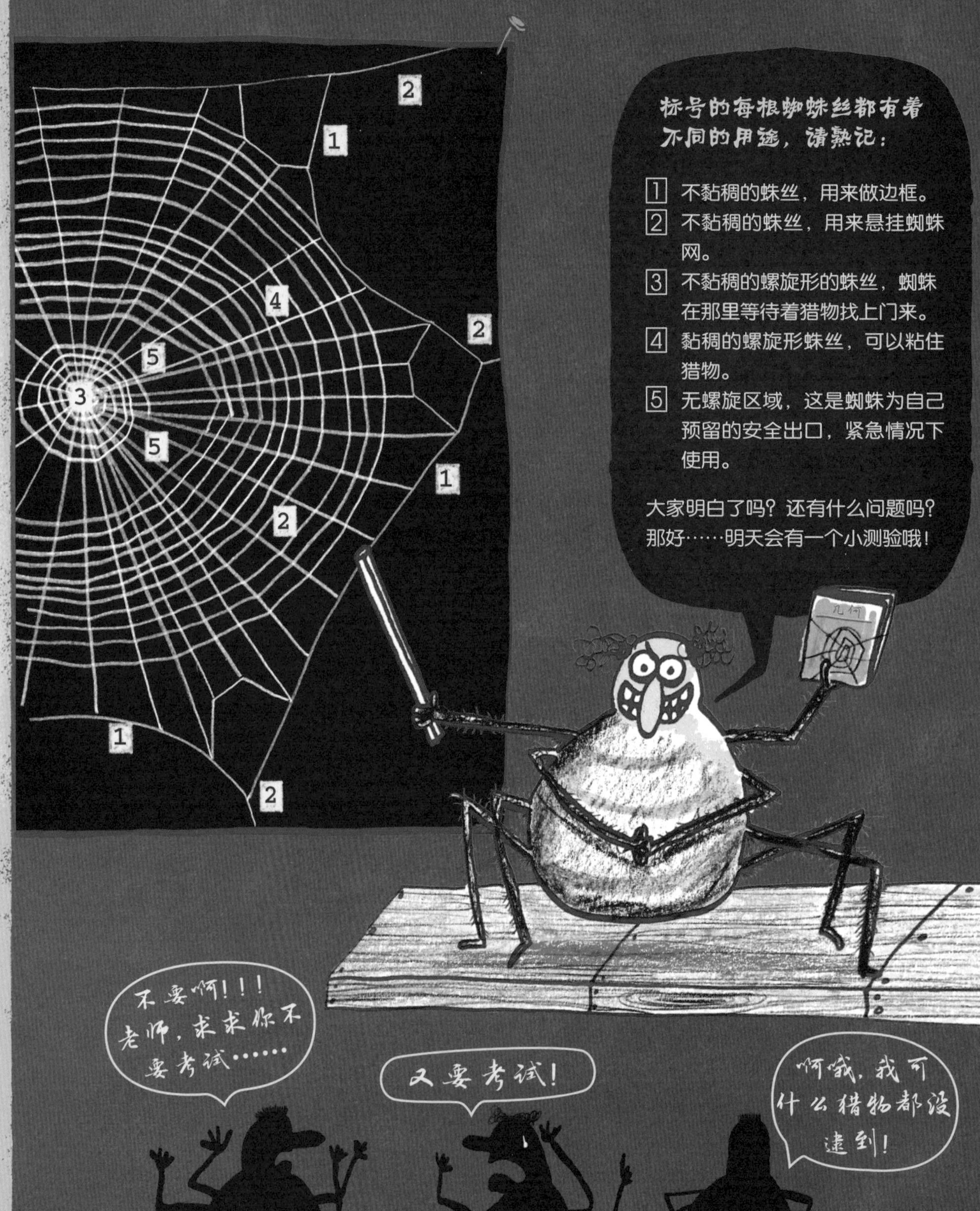
2
1
4
2
5
3
5
1
2
1
2
标号的每根蜘蛛丝都有着不同的用途，请熟记：
1 不黏稠的蛛丝，用来做边框。
2 不黏稠的蛛丝，用来悬挂蜘蛛网。
3 不黏稠的螺旋形的蛛丝，蜘蛛在那里等待着猎物找上门来。
4 黏稠的螺旋形蛛丝，可以粘住猎物。
5 无螺旋区域，这是蜘蛛为自己预留的安全出口，紧急情况下使用。
大家明白了吗？还有什么问题吗？那好……明天会有一个小测验哦！
几何
不要啊！！！老师，求求你不要考试……
又要考试！
啊哦，我可什么猎物都没逮到！

通过观察蜘蛛网，你会发现，每一种蜘蛛织网的方式都不尽相同。

想要观察蜘蛛网，可得早点起床，因为透过清晨的露水，蜘蛛网的结构清晰可见。如果你还没睡够，实在不愿早起，那起来后就用喷雾器往蜘蛛网上喷些水，这样一来也可以清楚地看到每一根蛛丝啦！

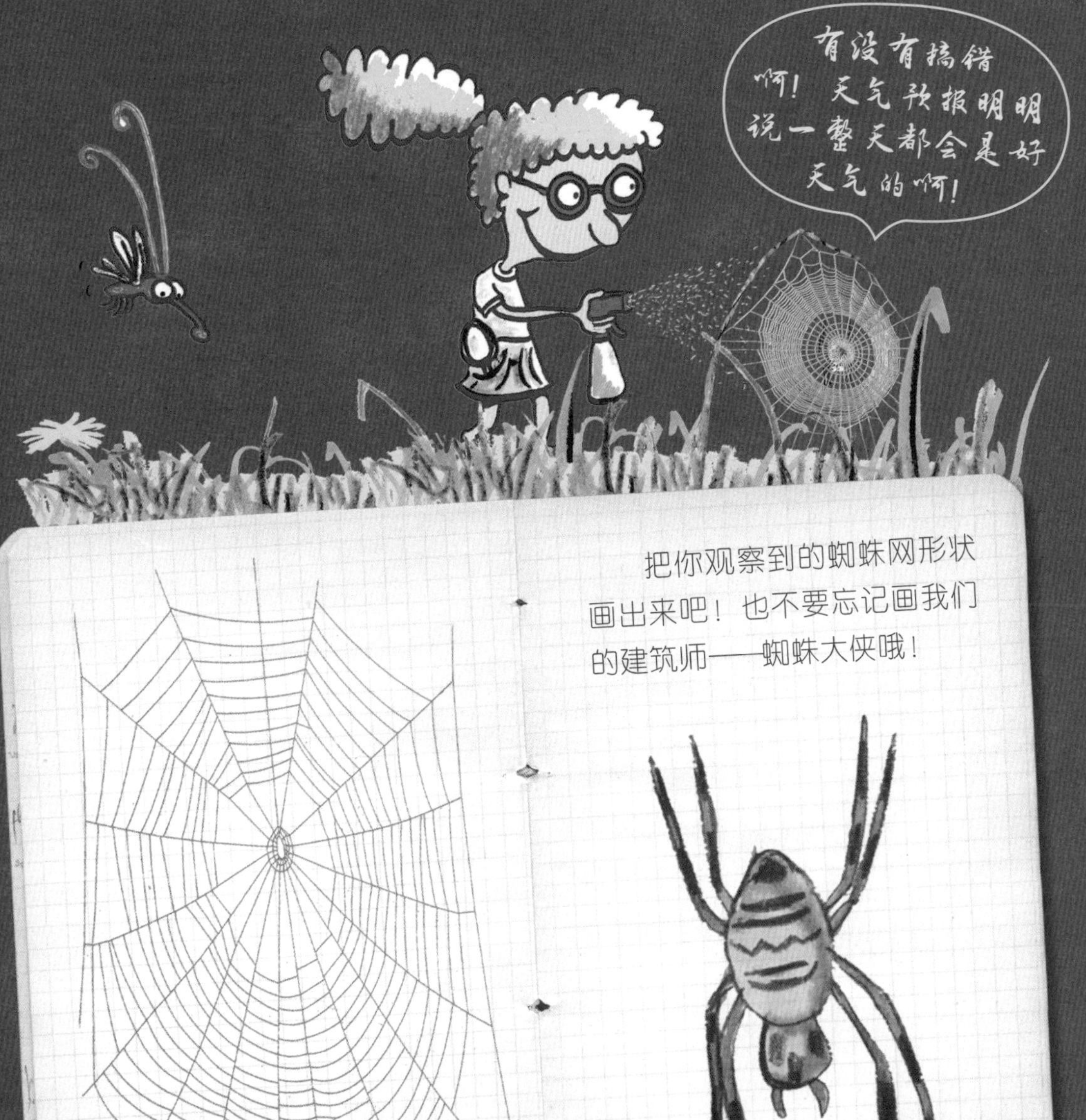

潜伏

夜晚时分或者大清早，带上望远镜，悄悄地漫步于刚刚收割过的草场。如果运气够好，你眼前将上演一出好戏……

记得要穿深色的衣服，藏在小树林里或者躲在篱笆边上。静静地呆在那儿不要动，等着好戏上演吧！

你可能会看到狐狸、猛禽或是其他捕食者的身影，它们可都是奔着田鼠来的。因为草场上的草刚刚被收割过，田鼠没有藏身之处了。

昆虫饭店

蜜蜂可以从大白芷花中采集酿造出珍贵的花蜜。看仔细了哦！

1 在草原上选定3枝最漂亮的、盛开着的大白芷花。

2 正午或者午后，在每一枝花前观察5到10分钟，不要动哦。

3 记录下造访这些花朵的每一种昆虫。为吸引到最多种昆虫的那枝花颁发“三星级昆虫饭店”的荣誉勋章。

昆虫饭店 ★★★

注意：

千万不要触摸白芷花的叶子，它们也许会使暴露在阳光下的皮肤发生过敏、起小水泡等症状哦。

鼩鼱的食谱

和田鼠、小家鼠等啮齿动物不同，鼩鼱以虫子为食。为了更好地区分它们，我们来做个小游戏吧。判断下面说法是正确的还是错误的。

1 鼩鼱啃食菜地里的蔬菜，如：胡萝卜、萝卜、土豆。它就是个破坏大王！

正确——错误

2 鼩鼱在草坪上挖洞，它是个大坏蛋！

正确——错误

3 我在家里发现了一只鼩鼱，它的大便到处都是。

正确——错误

4 一群鼩鼱在苹果树下打洞，因为它们乱咬树根，苹果树渐渐枯死了。

正确——错误

1 你还真是冤枉鼩鼱了！这些坏事都是田鼠、小家鼠……这些啮齿动物干的。鼩鼱吃虫子，它才不会碰那些蔬菜。

2 当然不是这样的啦！它的爪子可不像鼹鼠那么尖利。它自己不打洞，但喜欢住在废弃的洞穴里。

3 这事儿应该怪小家鼠，鼩鼱可是生活在园子里的。

4 前面已经说了，鼩鼱不是啮齿动物，咬树根这样的事儿一定是田鼠做的，鼩鼱绝对做不出这样的事情来。

下面为大家提供几个区分鼩鼱和老鼠、田鼠的方法：

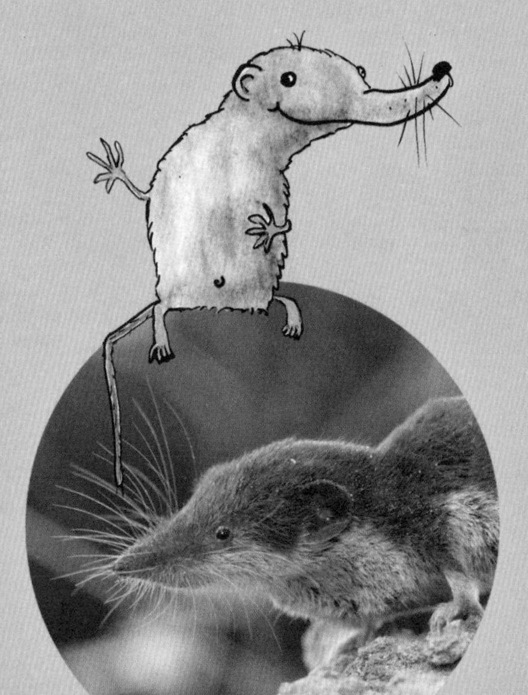

鼩　鼱：

· 尖尖的口鼻，
· 一双小眼睛，
· 前爪有5趾。

田　鼠：

· 圆圆的口鼻，
· 一双大眼睛，
· 前爪有4趾。

我们再来看看它们的牙齿有什么区别：

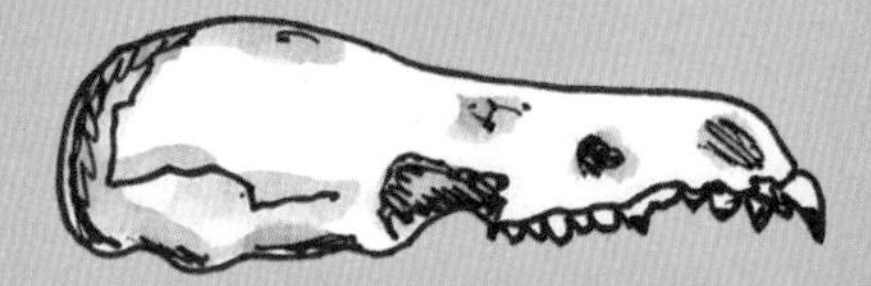

食虫动物的头骨：

· 它们长着尖尖的牙齿，可以轻松咬碎昆虫的甲壳。

啮齿动物的头骨：

· 它们长着大门牙，便于啃咬，
· 口腔内部的牙齿平整，便于咀嚼。

鼩鼱、刺猬和鼹鼠属于同一家族，它们都是花园里的除虫小能手。

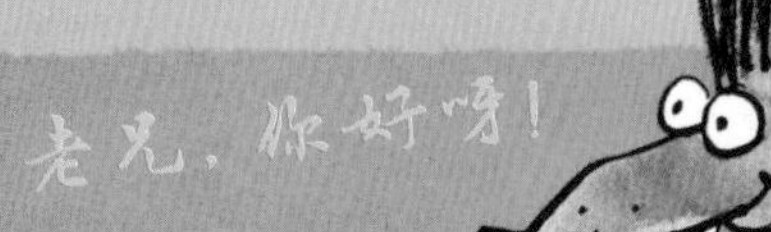

绣线菊花茶

这可是治疗流感和头疼的良方，头疼脑热时，没什么比泡上一杯绣线菊花茶更有效的啦！

1 初夏时节，采些盛开的绣线菊花。

2 把花朵铺放在吸水性强的纸或者报纸上，放置几个星期，等待它们风干。

3 舀一勺干花放进茶壶。

4 向壶里注入开水，泡上5分钟。饮用前再加一点糖。好啦，绣线菊花茶做好啦！健康万岁！

能吃的花

三叶草、蒲公英、柳叶菜、雏菊……你吃过它们的花吗？

采摘些新鲜的花，经爸爸妈妈确认无毒之后，把花洗干净，然后就可以吃啦。

注意：去较为荒僻的草原一角采摘花朵，不要在马路附近或被人和动物踩踏过的地方采摘。

草原宝藏

寻宝指南

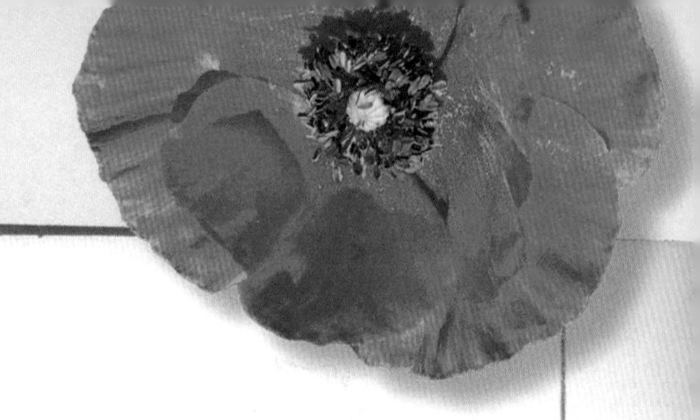

活宝藏

博物学家按照昆虫形态和翅的特征，把它们分门别类。因此，很多昆虫的门类名里都含有“翅”字。快到草原上找找看吧!

怎样捕捉昆虫呢？

想要直接在花草上捕捉昆虫，你需要一个昆虫观察盒或是干净透明的婴儿奶瓶。如果你的动作足够小心，这些小东西还是非常容易捕捉到的。

仔细观察捉到的昆虫，观察完以后，再让它们回归大自然的怀抱。

昆虫的几大类别：

- 金龟子是鞘翅目昆虫：它们的一对翅被角质硬套保护着，学名叫做鞘翅。
- 苍蝇和蚊子属于双翅目：也就是说，它们长着一对翅。
- 胡蜂、蜜蜂和蚂蚁属于膜翅目：也就是说，它们的翅呈统一的薄膜状。
- 蚱蜢属于直翅目：它们的翅可呈竖直状。
- 蝴蝶属于鳞翅目：它们的翅上有鳞片。
- 蝉和沫蝉属于同翅目：也就是说它们的两对翅形状大小基本一致。
- 臭虫属于异翅目：它们的两对翅不一样。

鞘翅目

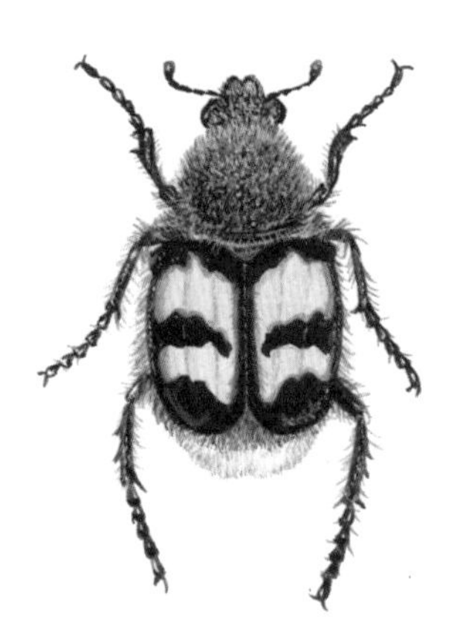

斑金龟

一种长着绒毛的金龟子，在花丛中飞来飞去；它们以雏菊花为食，因而比较喜爱雏菊花丛。

瓢　虫

它们隐蔽在树叶下，以蚜虫为食。

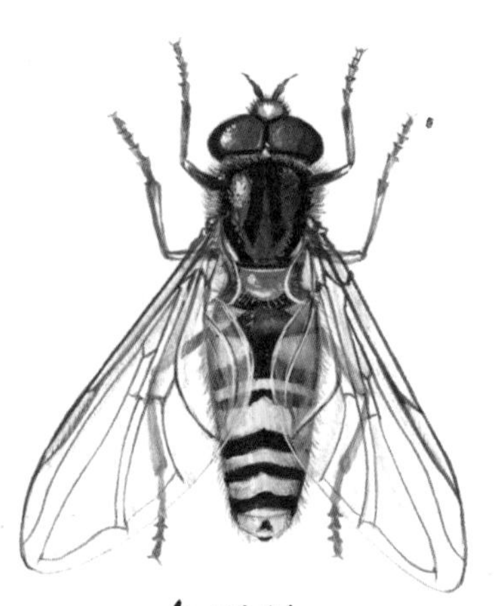

食蚜蝇

尽管食蚜蝇长着一副胡蜂的样子，但它们是不蜇人的。它们的触角非常短小。

黑尾寄蝇

这是一种黄黑相间的蝇，体型肥大，身上长满了硬毛。

膜翅目

黑毛蚁

它们时常采集蚜虫的含糖排泄物，人们称之为“蜜露”。

熊　蜂

它们看起来就像是长着绒毛的圆球，有4只翅。

直翅目

绿丛螽斯

在50米远的地方，就能够听见它们的鸣叫。

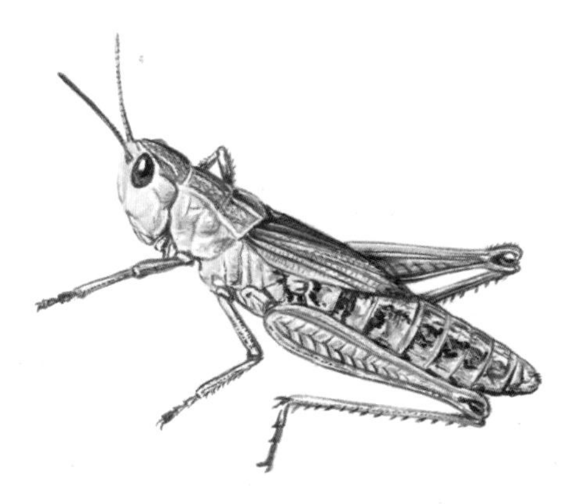

褐色雏蝗

同所有蝗虫都一样，它们的触角远没有它们身体长。

鳞翅目

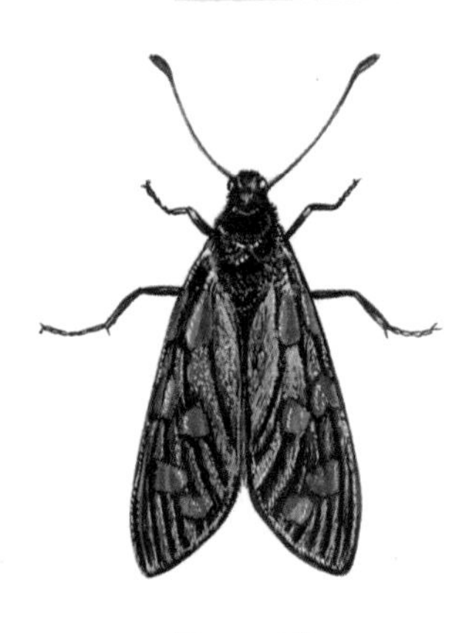

斑　蛾

这种飞蛾白天出来活动，翅上闪耀着金属般的光泽。

蓝灰蝶

这是一种小蝴蝶，雄性的翅为蓝色，雌性的翅为棕色。

同翅目

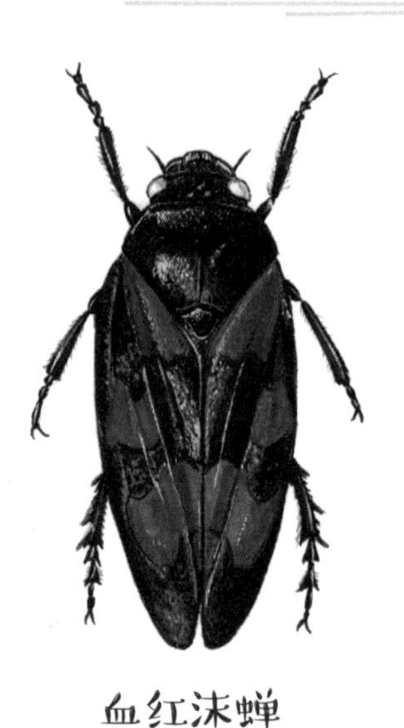

血红沫蝉

这是一种红黑相间的昆虫，在草丛间跳来跳去。

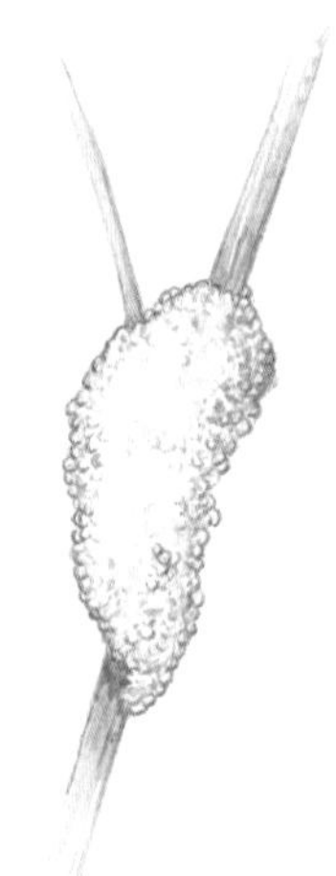

沫蝉泡沫

沫蝉会分泌泡沫来保护自己以及幼虫，这种泡沫通常称为“布谷鸟的唾沫”。

异翅目

意大利条蝽

这是一种浑身布满红黑条纹的臭虫。

猎　蝽

这是一种捕食性臭虫，它们长着一颗又窄又尖的脑袋。

小朋友要离这两种臭虫远一点！

我的收获：

- □ 瓢虫 时间: ………… 地点: …………
- □ 斑金龟 时间: ………… 地点: …………
- □ 食蚜蝇 时间: ………… 地点: …………
- □ 黑尾寄蝇 时间: ………… 地点: …………
- □ 黑毛蚁 时间: ………… 地点: …………
- □ 熊蜂 时间: ………… 地点: …………
- □ 绿丛螽斯 时间: ………… 地点: …………
- □ 褐色雏蝗 时间: ………… 地点: …………
- □ 斑蛾 时间: ………… 地点: …………
- □ 蓝灰蝶 时间: ………… 地点: …………
- □ 血红沫蝉 时间: ………… 地点: …………
- □ 沫蝉泡沫 时间: ………… 地点: …………
- □ 意大利条蝽 时间: ………… 地点: …………
- □ 猎蝽 时间: ………… 地点: …………

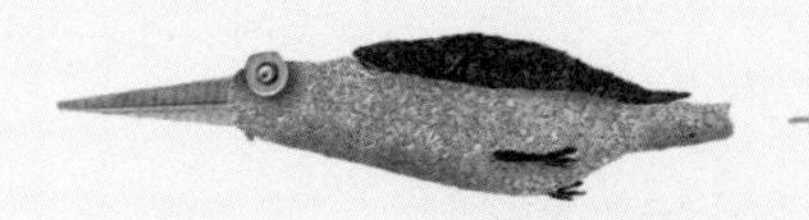

第四章
河边亲子活动

认识河狸

河狸是水陆两栖动物。它身体的每一个部位都具有独特的功能，它可以把自己身体的每一个部位都当做工具来用。

现在我们来做一个小游戏，**看看这些图片分别代表河狸身体的哪个部位。** 注意了，河狸身体的一个部位也许就会有好多种功能哦！

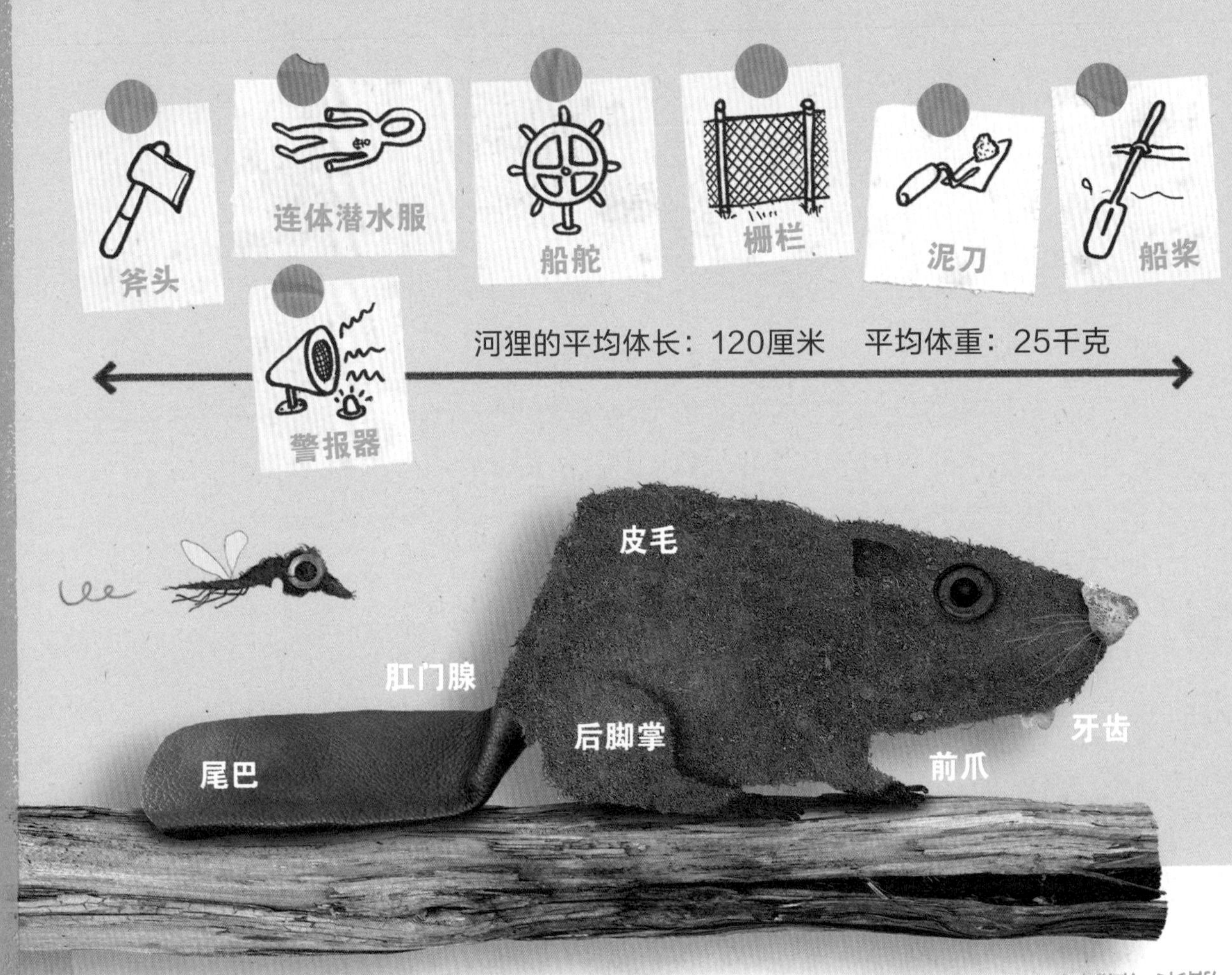

斧头=牙齿：河狸的牙齿就像伐木工人手中的斧头，可以砍倒树木，剖开树干。

连体潜水服=皮毛：它的皮毛既防水又保暖，即使潜入到冰水里也不怕。

船舵=尾巴：借助这条神奇的尾巴，河狸可以边潜水边自由调整方向。

栅栏=肛门腺：这个部位会分泌一种散发香味的液体——海狸香*，河狸通过这种液体来划分家族领地。

警报器=尾巴：当河狸用尾巴拍打水面时，实际上它们是在发布危险信号：快潜到水下！

泥刀=前爪：它们用前爪来堆积泥土，以此来堵住藏身的洞口，设置障碍物。

船桨=后脚掌：有了后脚掌，就算逆流时，河狸也可以在水中自由游弋。

*河狸别称海狸，香料界习惯称河狸分泌的液体为“海狸香”，不叫“河狸香”。——译者

它们是谁

我们是3种生活在水边的陆地哺乳动物……
大家经常把我们搞混，但我们之间是有差别的！
下面就来找找我们各自的特质吧！

河狸

海狸鼠

水獭

A 扁平的尾巴

B 厚实的圆尾巴

C 又圆又细的尾巴

A

B

C

A 尖尖的牙齿是**食肉动物**的典型特征

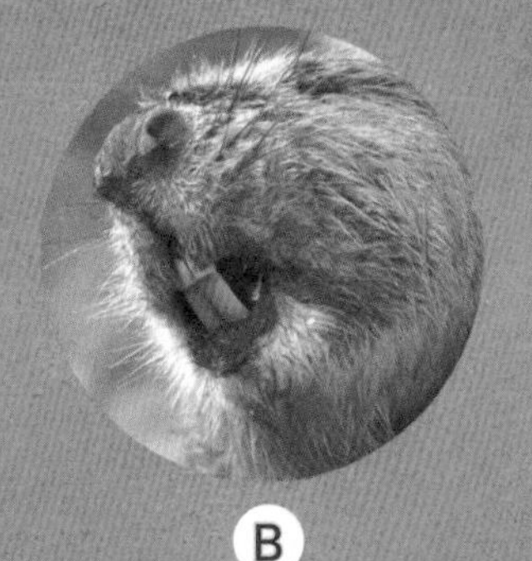

B 发达的门牙是**啮齿动物**的典型特征

C 发达的门牙是**啮齿动物**的典型特征

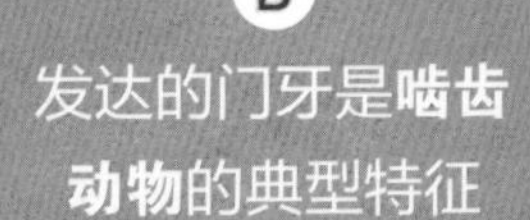

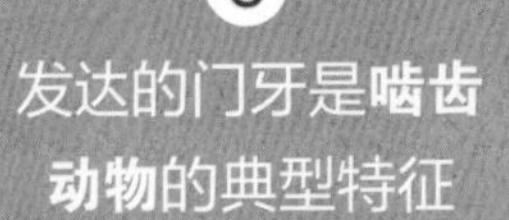

答案见103页

制作水车

盛些水来，然后一起做个漂亮的木质水车吧！

准备材料：

- 一个木条箱（装水果的木箱）
- 两根又细又直的树枝，一根10厘米长，另一根30厘米长
- 两根树杈
- 几根细绳

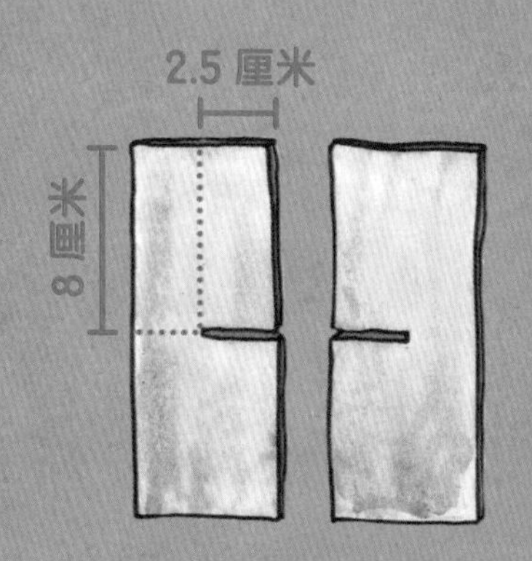

1 从木条箱上截下两块长16厘米、宽5厘米的长方形小木板。

2 请一位大人提供帮助，用刀在两块长方形木板的中央切割出2.5厘米深的切口，切口距离木板两端各8厘米。

3 把两块木板的切口对插到一起，这样就形成了一个交叉的十字形。水车的桨板就做好啦！

4 用两根树枝夹住两块木板的交叉部位，用细绳把它们固定住。最后，把两根树杈插进流水中，把做好的水车架在上面，水车就转起来啦！

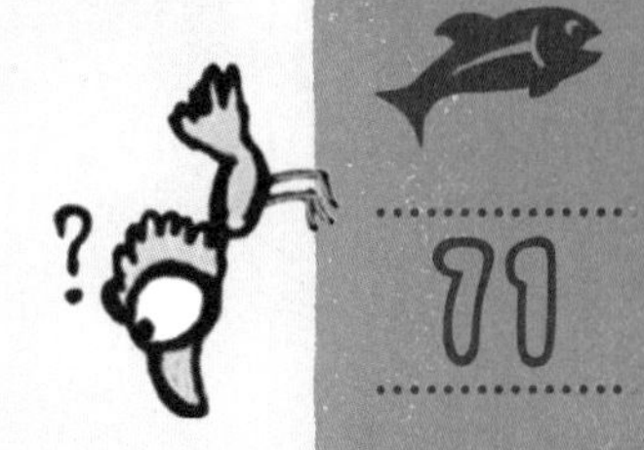

柳哨

柳枝柔软娇嫩，易折断也易加工。但注意制作过程中不要伤到自己哦！

1. 选一根10厘米长的柳枝，从中间劈开成两半。

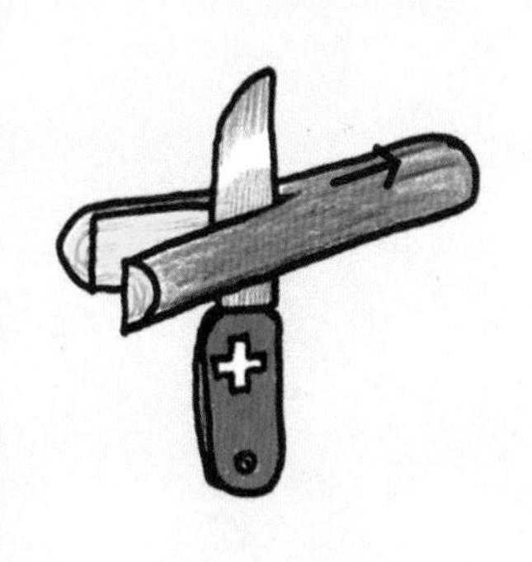

2. 在劈开的柳枝中间轻轻夹上一片草叶，并用细绳将两头系好。

柳哨做好啦!现在对准缝隙开始吹奏吧!

插新柳

1. 截下一段今年新长出的柳枝。
2. 将枝条插进湿润、新翻的土壤中，深度约为20厘米。
3. 在栽好新柳的第一年里，记得要定期给它浇水。枝条很快就会重获新生，一棵新柳树就要诞生啦。

过滤泥水

河水含有很多泥沙和碎渣，十分混浊……你可以让它变得像湍急的水流一样清澈透明。

然后耐心等待几分钟……
现在，砾石层、木炭层和细砂层已经把水中的脏东西过滤掉了。
然而，这水依然不能直接饮用。
如果想要喝的话，还需要进行更深层次的净化。

测水流的速度

1. 带上一根木棍，和小伙伴一起到一条小河边。让你的小伙伴拿着秒表，站到河流下游距离你10米远的地方。

2. 将木棍投入水中，与此同时，你的小伙伴开始计时。当木棍到达他所在的地方时，立刻按停秒表。

假如测到的时间为20秒，那么水流的速度就为
10÷20=0.5 米/秒（或1.8 千米/时）。

捉住它们

你想观察一下生活在淤泥里的小生物吗？如果你的答案是肯定的，马上行动起来！在一个网兜里装满鹅卵石，将它沉入河底，耐心等待1—2个小时……然后将袋子提上来。

神奇的喙

在淤泥中，小生物生活的区域深浅不一。

这样却正迎合了鸟儿们的心意：以水生生物为食的鸟儿，喙的长度也不尽相同。每种鸟儿各自在不同的深度捕食，这样一来，就不存在竞争的问题啦。

环颈鸻

滨鹬

红嘴鹬

杓鹬

河流的生命力

探索指南

小调查！

昆虫、小鱼、软体动物、虾……它们虽然并不引人注目，可也自由自在地生活着：江河中生活着许多小生物，有些栖息在水生植物之上，有些游走在石块之下。现在有了这部指南，你就能将它们区分开啦！不仅如此，根据你的记录，你还可以了解到所调查的这片水域水质的好坏！

怎样做调查呢?

河流中的每种小生物对氧气和温度的需求都不尽相同: 有些只能在清凉、氧气充足的激流中生长, 另一些却喜欢在温暖的泥浆中生长, 甚至连污染都不怕! 因此, 在做调查的时候, 要注意以下两点:

1. 如果你找到了许多对水质要求很高的生物品种, 那么就可以得出结论: 这段河流是很干净的。

2. 相反, 如果你找到的物种不多, 并且这些生物对水质的要求都不高, 那么, 这段河流的水质就很让人担忧啦……

所需用具:

- 一张细网眼的渔网, 用它轻轻捞起水生生物。
- 一把毛刷, 帮助你捕捉水生生物, 以防把它们弄伤。
- 一个用于盛放水生生物的白色盘子。
- 一个放大镜, 用于仔细观察这些水生生物。

拿一根木棍, 在水底搅动几下, 然后将渔网浸入水中向上游方向挥动几次, 在不同的地方反复捞十几次。在盘子中装满水, 把网底你捉到的水生生物放进去, 然后进行辨别、统计。最后工作完成后, 记得别忘了把它们放生哦! 动作要轻, 它们都是很柔弱的小生命……

干净的小溪

扁蜉蝣幼虫

它们寄居在石头底下或是在石头表面趴着，这样的姿态可以避开水流的冲击。它形态特别，很好辨认：身体极为扁平，还长有3条“尾巴”（尾须）。

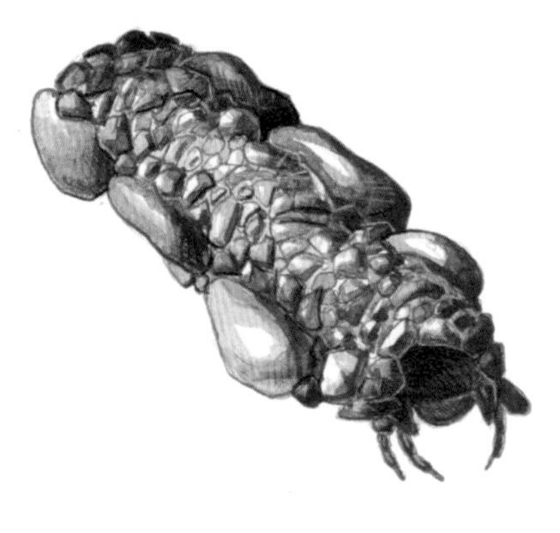

石蚕（矿物鞘）

它们藏身在多石子的水底，即便走动时也不会被发觉，因为它们的鞘就是用小砾石做成的。

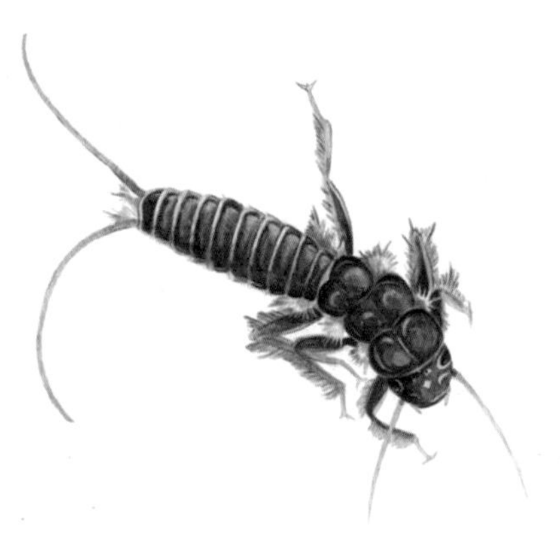

石蝇幼虫

它们躲藏在石头底下或是趴在石头表面，生活在没有水流冲击的地方，身体扁平、末端还长有2根尾须。

盾　螺

这种小型软体动物附着在石头上，贝壳上的螺峰朝向身体的后方。

干净的小河

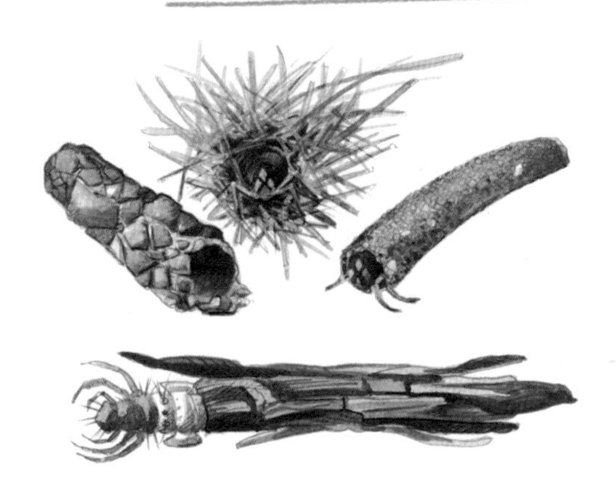

石蚕（植物鞘）

生活在河岸边平静的水域，鞘的方向与水流方向一致。

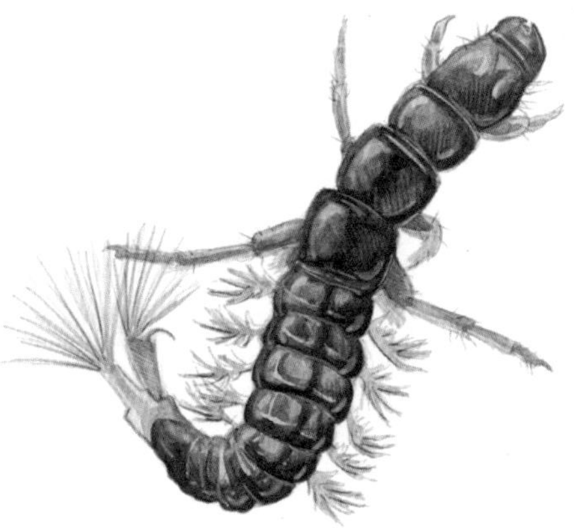

纹石蛾幼虫

这种石蛾没有鞘，它们在水流动的、多石子的水底活动。

干净的大河

蜉蝣的幼虫

它们通常藏身于多沙、水流平缓的地方，把自己埋在沙土之下。

扁卷螺

这种软体动物的外壳扁平，蜷缩生活在水生植物当中。

轻度污染的河流

椎实螺

这种“清水蜗牛”以水生植物为生活场所，以水生植物为食。

钩　虾

这种小型淡水虾住在石头底下和水生植物上。

污染较重的河流

水　蛭

它们身上长着吸盘，因此可以吸附在石头上，生长在安静的水域。

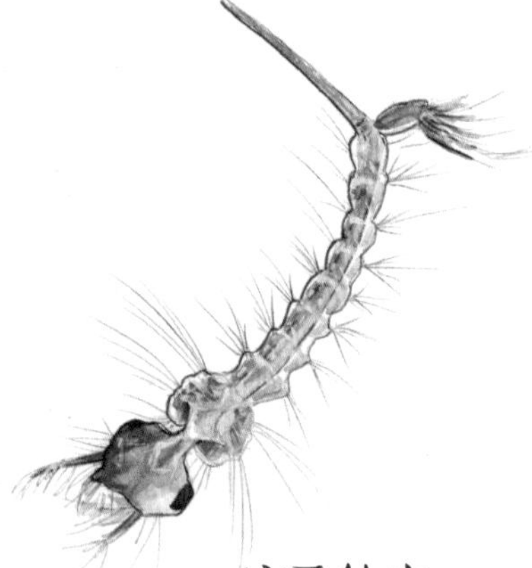

蚊子幼虫

在水流缓慢的地方，我们就可以在植物上和水面上看到它们的身影。

重度污染的河流

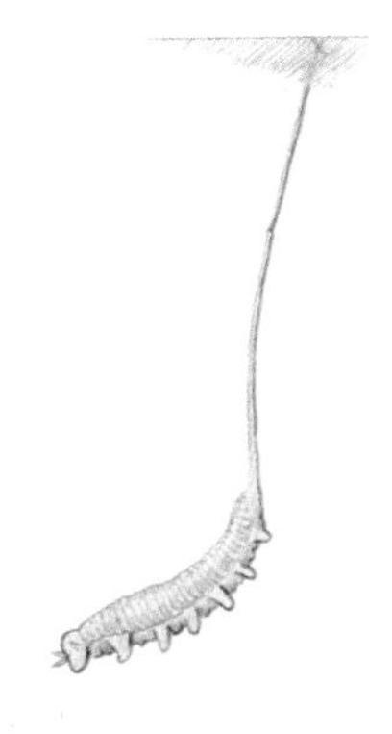

摇蚊幼虫

这种红色的小虫长得像蚯蚓一样，生活在水底淤泥的上方。

管蚜蝇幼虫

它们生活在淤泥中，就在淤泥的表层，它们用长长的水管呼吸。

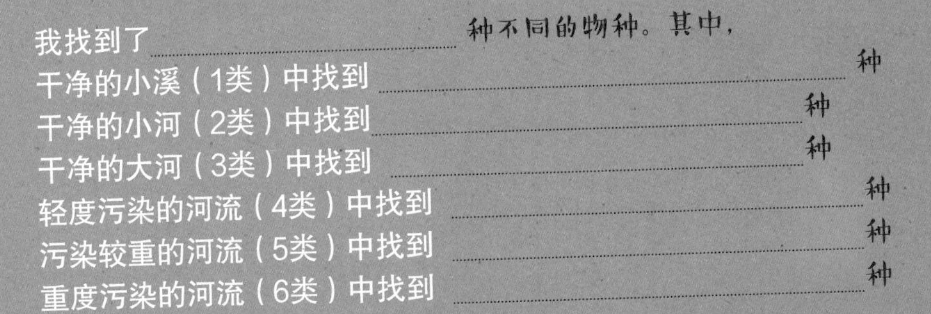

我的河流笔记：

我找到了＿＿＿＿＿＿＿＿＿＿种不同的物种。其中，
干净的小溪（1类）中找到＿＿＿＿＿＿＿＿＿＿种
干净的小河（2类）中找到＿＿＿＿＿＿＿＿＿＿种
干净的大河（3类）中找到＿＿＿＿＿＿＿＿＿＿种
轻度污染的河流（4类）中找到＿＿＿＿＿＿＿＿＿＿种
污染较重的河流（5类）中找到＿＿＿＿＿＿＿＿＿＿种
重度污染的河流（6类）中找到＿＿＿＿＿＿＿＿＿＿种

这是我的河流笔记（满分10分）：
超过15种小生物，全是1类水域生物：10分（水质超级好）
10–15种小生物，属于1、2、3类水域生物：8分（水质很好）
10–15种小生物，属于2、3、4类水域生物：6分（水质达标）
5–10种小生物，属于3、4、5类水域生物：5分（中等水质）
少于5种小生物，属于4、5、6类水域生物：3分（水质很糟糕）

PRIÈRE DE NE PAS STATIONNER
EMPLACEMENT RÉSERVÉ

第五章

城市亲子活动

小调查

你知道你所生活的城市在100年前是什么样子吗?

到旧明信片里找找看吧。也许你会发现，你现在住的那栋楼的位置，从前是一片美丽的池塘；你所在的街道，以前曾有过一棵超级大的香樟树!

翻开词源学词典，查找一下各个街道和地区的名字，你就会知道它们的来历啦。

打个比方，如果在你居住的地方，有条街道用“海狸”做名字，那么毫无疑问，很久以前的某个时期，这里有海狸生活过!

为蝙蝠搭个小屋

搭建这样一个扁平状的小窝，蝙蝠白天就有栖息之处了。春天到来的时候，蝙蝠就会到这间“公寓”来生活啦。

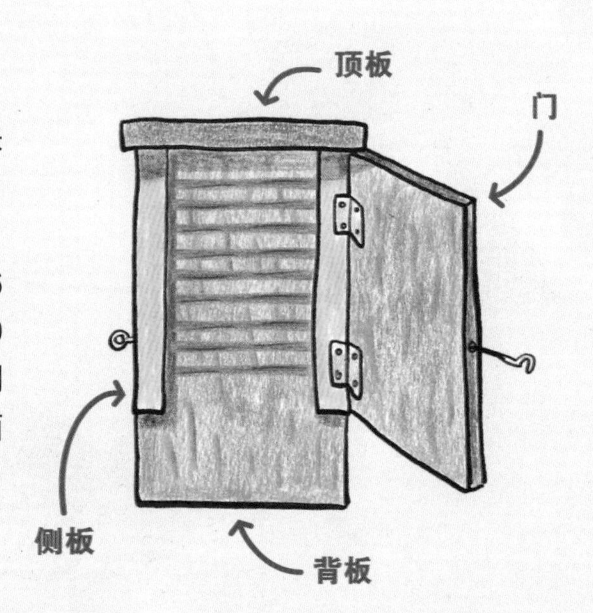

1. 找一块表面粗糙的木板，1—2厘米厚，75厘米长，20厘米宽。

2. 将木板截成5块，分别用作：顶板，6厘米×20厘米；门，30厘米×20厘米；背板，35厘米×20厘米；侧板，2厘米×20厘米。然后在背面的“墙”上划出一道道凹槽。

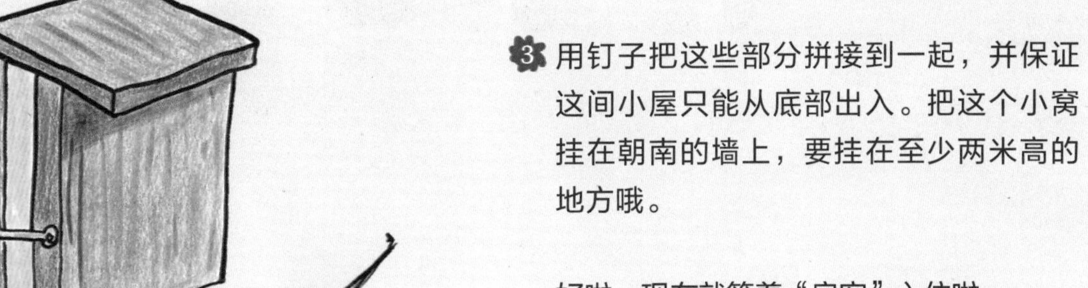

3. 用钉子把这些部分拼接到一起，并保证这间小屋只能从底部出入。把这个小窝挂在朝南的墙上，要挂在至少两米高的地方哦。

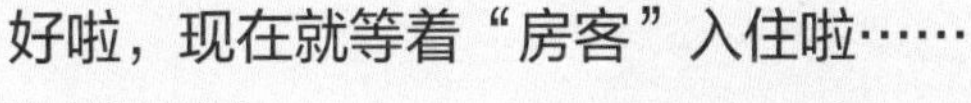

好啦，现在就等着“房客”入住啦……

挑战：用细绳钓浮冰

材料：

- 给你的朋友每人分一杯带冰块的冰水
- 一根细绳
- 一罐魔法粉末（藏在身边）

两小时之后，轮到你来表演啦：在冰块上撒一点魔法粉末，把细绳放在冰块上，耐心等待二十几秒。拉起绳子……啦啦啦！！！浮冰上钩啦！

你猜到了吗？

这种魔法粉末其实呢……就是盐！把盐撒在冰块上，一部分冰就融化了。这样细绳就掉入到冰水里。融化的这一部分冰水一会又结冰了，这样，细绳就被冻在了冰块中！

小小理发师

这个手工活很简单：往蛋壳里撒上种子，不久之后，这颗古怪的蛋壳脑袋上就长满头发啦！

所需材料：一枚新鲜的鸡蛋，水粉颜料，一支毛笔，一些细土，一小袋种子（苜蓿、扁豆、萝卜、火龙果等，都可以）

1. 第一步很简单：做一个水煮溏心蛋吃。吃完后，小心地将蛋壳清洗干净，然后拿起画笔，用颜料在蛋壳上画一张滑稽的脸。

2. 往蛋壳里填上细土，均匀撒上种子。记得浇水，让泥土时刻保持湿润，但也别浇太多，别把种子淹死了！

第一天　　第三天　　可以开始理发啦！

有谁来过

如果你想知道你家附近生活着哪些哺乳动物的话，那就出门找找它们的脚印吧！仔细观察一下公园里的泥土，也可以到河的两岸、浅水洼处看看……

刺猬的脚印

5个又细又长的脚趾

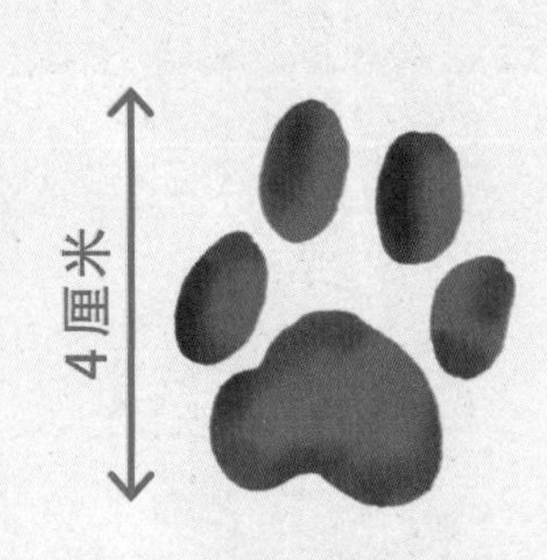

猫的脚印

4个脚趾，看不见爪尖

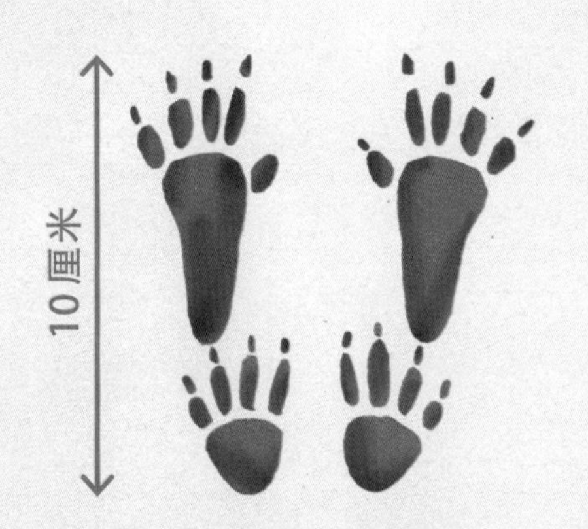

松鼠的脚印

4个后脚趾，5个前脚趾，松鼠蹦蹦跳跳地行走

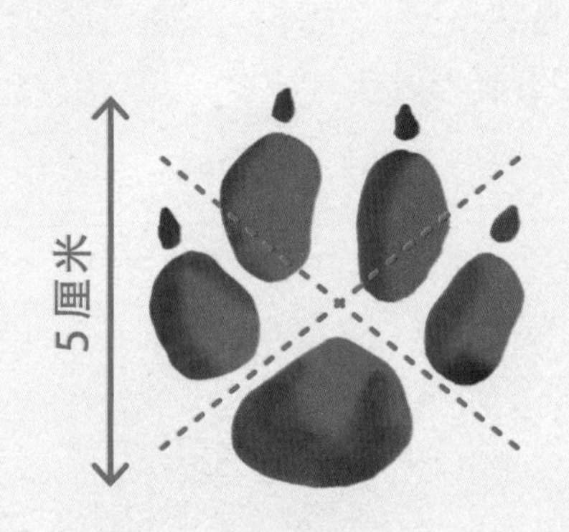

狗的脚印

4个脚趾上有肉垫，脚掌处有一个肉垫

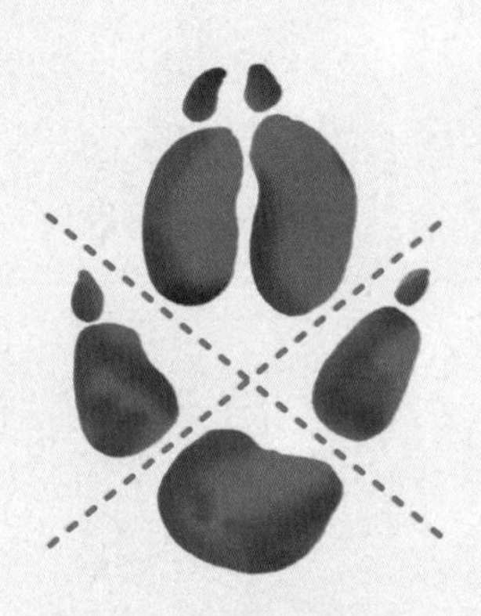

狐狸的脚印

4个脚趾上有肉垫，脚掌处有一个肉垫

观察

狗和狐狸的脚印非常相似，那么怎样区分呢？告诉你一个小窍门……在4个圆形的脚趾印中间画上**一个十字**：如果十字触碰到了脚趾印，那么这就是**狗的脚印**；如果十字没有触碰到脚趾印，而是刚好从脚趾印中间穿过，那么这就是**狐狸的脚印**。

制作日晷

如果出门没戴手表，怎样才能知道时间呢？
那就让太阳公公告诉你吧！

1. 拿一根削得很尖的铅笔，在圆形纸盘的中心刺一个孔。

2. 把纸盘底朝上放置，然后在边缘均匀标记上数字1—12。

3. 画出你的创意钟面，随心所欲地画你喜欢的图案吧！

4. 在小孔里插上一根笔直的吸管。在吸管的周围粘一圈透明胶带纸，防止吸管晃动。

5. 把画好的表盘放在室外平坦、有阳光的地方。

   让数字12指向北面：为此，在正午12点时出来慢慢地转动表盘，直到吸管的阴影正好落在数字12上。好啦，现在**你的日晷**已经准备就绪喽！

嘘，你听！

夜晚降临了，白天里的一切活动都停歇了下来。这时，更容易听到野生动物的声音。

黄昏时分，找个大人陪你一起去小花园或者你家附近的菜地里。

找一个安静的地方，静静等待。

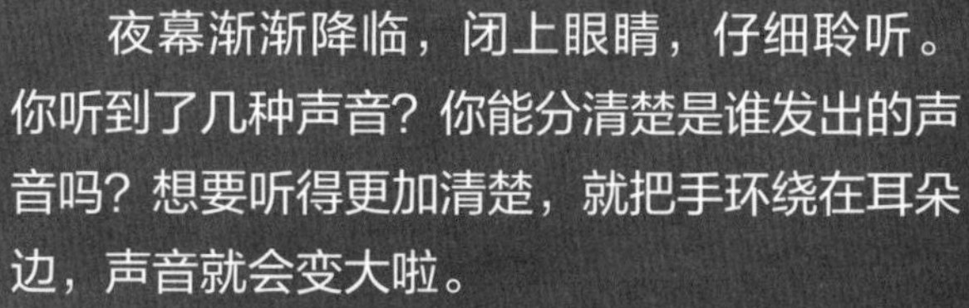

夜幕渐渐降临，闭上眼睛，仔细聆听。你听到了几种声音？你能分清楚是谁发出的声音吗？想要听得更加清楚，就把手环绕在耳朵边，声音就会变大啦。

白天，再回到这个地方：这时你又听到了什么？

帮大黄蜂盖房子

嗡嗡嗡……你听见了吗？大黄蜂的蜂后正在向你求助呢！它想让你帮它建一座冬眠的房子。来年春天，它就可以在这里建立一个黄蜂王国啦。好啦，快动手吧！

1. 找一个底部有洞的花盆，往里面填入稻草。
2. 把花盆倒置过来，使花盆底端的排水孔朝上。
3. 为防止雨水淋湿蜂房，在花盆四周放4块石头，再在石头上盖一块木板，为蜂房搭建一个“避雨棚”。

就算是在阳台上，你也可以修建一座别出心裁、芳香四溢的花园……

建一座香料塔

材料

一个大托盘

一些土和腐殖质

3个大小不一的花盆（一个小号、一个中号、一个大号）

1. 将泥土和腐殖质混合到一起，分别装入3个花盆中，填满花盆的一半就可以了。

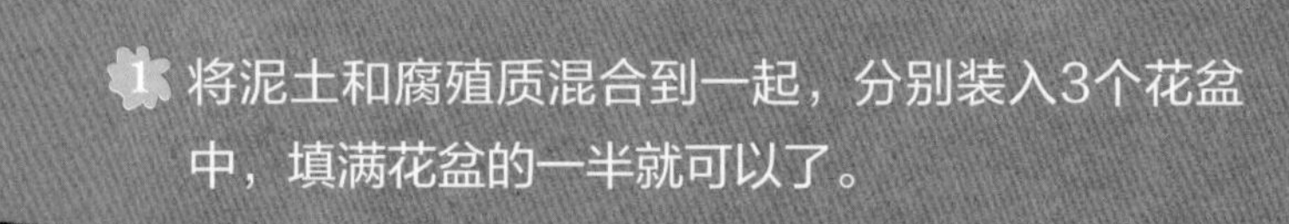

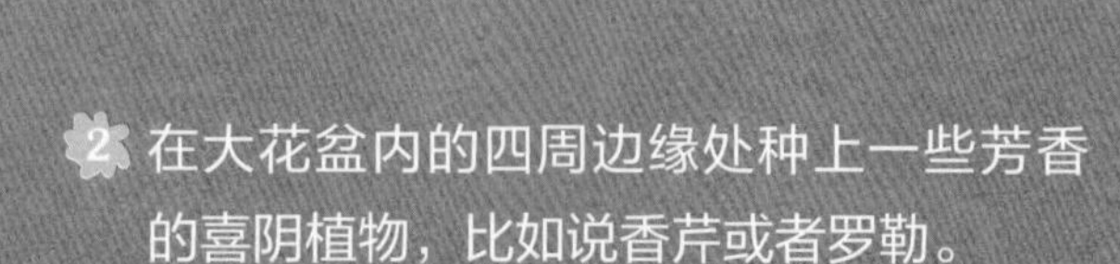

2. 在大花盆内的四周边缘处种上一些芳香的喜阴植物，比如说香芹或者罗勒。

3. 把中号花盆叠放在大号花盆上，露出半个盆身。然后在中花盆四周边缘的土里，撒上小葱或薄荷种子。

4. 把小号花盆叠放在中花盆上，成为香料塔的顶端，在里面种上一些喜光植物，如百里香或者鼠尾草。

把香料塔放到一个采光好的地方，这样当你妈妈做饭时，就不愁没有香料啦！

微型自然保护区

挂在窗边的小小花架，也会变成昆虫的乐园。
下面我们来建一个昆虫乐园。

1 选一个大的长条形容器，在里面种上芳香植物：百里香、薰衣草、薄荷。工蜂肯定特别喜欢这个地方。再为蝴蝶种上一些盛产花蜜的花种：勿忘我、紫艾菊……

2 找个大人帮忙，将它安放在窗边的花架上，方向最好朝阳。

3 等到3月份时清理一下里面的花朵和疯长的杂草。每年清理一次就可以，因为小虫子要在这里过冬。

站在窗子后面，静静地观察蜜蜂、蝴蝶和其他小飞虫在花间飞来飞去。这是多么美丽的一幅画面呀！

帮助野生蜜蜂

如果为野生蜜蜂私人定制一个蜂房，那会怎样呢？

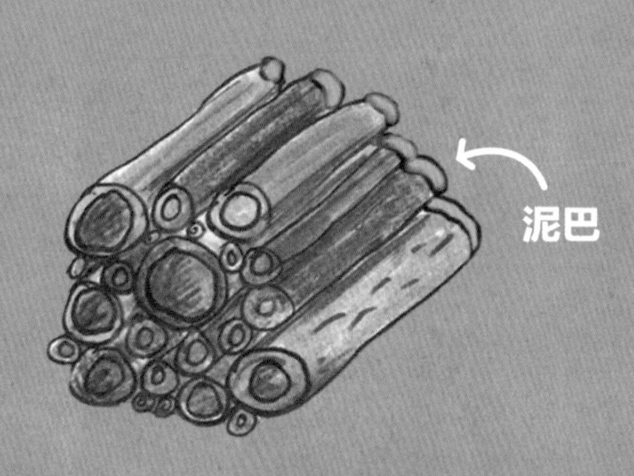

1 找一些粗细不同的空心秸秆，一头用泥巴或黏土堵上。也可以用竹子、芦苇、稻草的茎秆代替秸秆。

2 在一段粗木头上钻几个直径为3毫米—15毫米的孔。孔的深度不能小于3厘米，但也不能太深，不要将木头钻透。

3 将木头和空心秸秆牢牢绑在一起，放在窗台上，或挂在朝南的墙上，让秸秆开口端和木头有孔一端朝外。如果有一天发现这些小洞口被堵住了，那么恭喜你，蜜蜂已经入住啦！

家里的小动物

探索指南

家里的小动物

在我们每个人的家里都住着一群小动物，只是大多数人都不知道。它们隐居在谷仓中，躲藏在隐蔽的角落，甚至就在我们眼皮底下出没……它们悄无声息地享用着我们住所里的一切便利，却不会被我们察觉。

屋檐下

不论你家的屋顶上铺的是瓦片还是水泥板，那儿都住着好多小动物。瓦片既能保暖又能遮阳挡雨。对于家蝠来说，这可是个理想的住所。

欧洲山鼠喜欢钻到与世隔绝的地方冬眠，而石貂则选择在谷仓里安家。只要天窗稍微露一道缝，猫头鹰白天就会跑到那里去睡觉。

小动物

在我们身边生活着许许多多的小动物。对于苍蝇、蟑螂、蚂蚁、老鼠来说，温暖且食物充足的厨房尤其充满吸引力。

有时候，蜘蛛也会大驾光临……不过它们更喜欢呆在凉爽、潮湿的地方。蚊子和胡蜂也生活在这样的地方。小心，不要被叮到了哦！

屋檐下的小动物

家　蝠

家蝠只有成年人的大拇指那么大。它们成群结队，家庭成员达几千名。

石　貂

石貂的喉部和爪子上方长有“V”形白色斑块，像小孩带着一个围嘴那样。

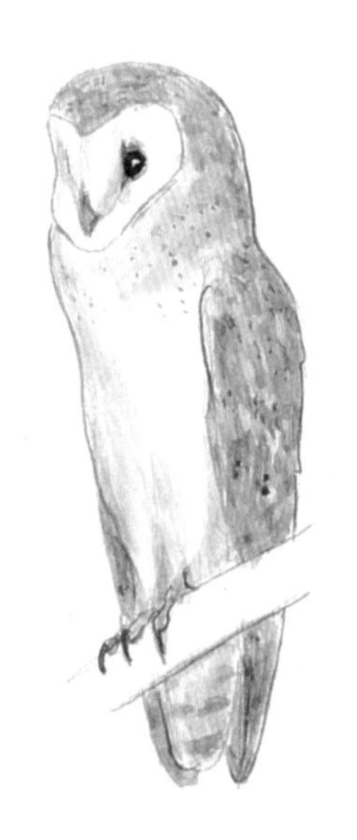

仓　鸮

绰号“白夫人”，它们藏身在谷仓里，十分吵闹，总是发出鼾声和尖锐的叫声，用爪子把地面挠得嘎吱作响。

欧洲山鼠

欧洲山鼠眼睛四周都是黑色，看起来真像蒙面大盗。夏日的夜晚，在果树上可以寻见它们的踪影。

厨房里的小动物

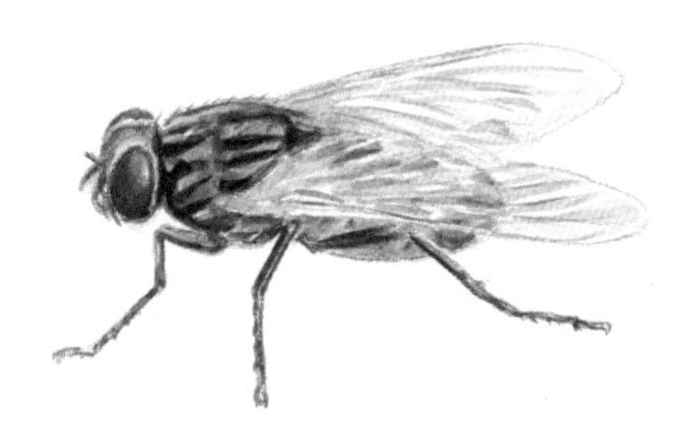

家蝇

家蝇的触角能够轻而易举地感知到食物的香味，哪怕是极其微弱的味道。它的腿上长着味觉器官，会在吞下食物前先品味一番。

家鼠

为了保持门牙锋利，家鼠需要不断啃咬面包、奶酪、粮食，还有纸、蜡烛、肥皂……

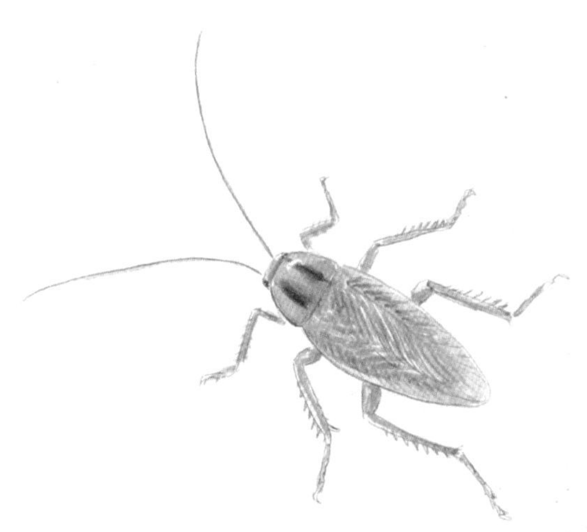

德国小蠊

德国小蠊的身体极为扁平，所以它们可以在房间的任何角落里钻来爬去，并趁人们不注意时溜到橱柜里偷吃。

棕蚂蚁

夏天，棕蚂蚁会溜进屋子里寻觅甜食和食物残渣，不过它可不像它的表亲红蚂蚁，它不会咬人。

蜘　蛛

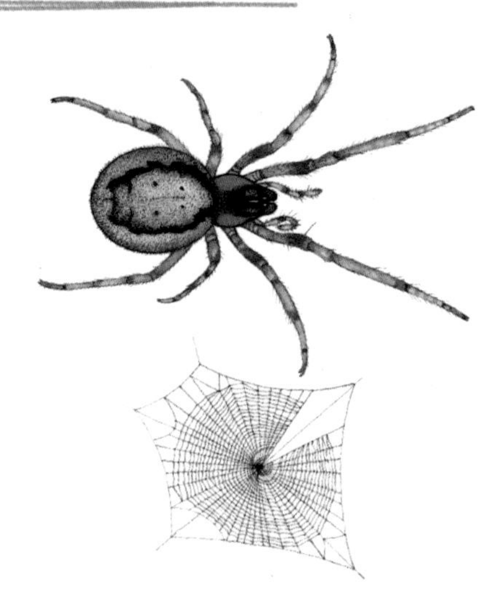

家　蛛

家蛛喜欢在阴暗的拐角处、橱柜后面或是谷仓里织出一张三角形的大网。大多数时候，它们就呆在自己的网上。

丽楚蛛

丽楚蛛会在窗户边或是檐槽下织出几何形状的蛛网，看上去就像是被切掉一块的馅饼。这其实是它为了捕捉蚊子而设的陷阱。

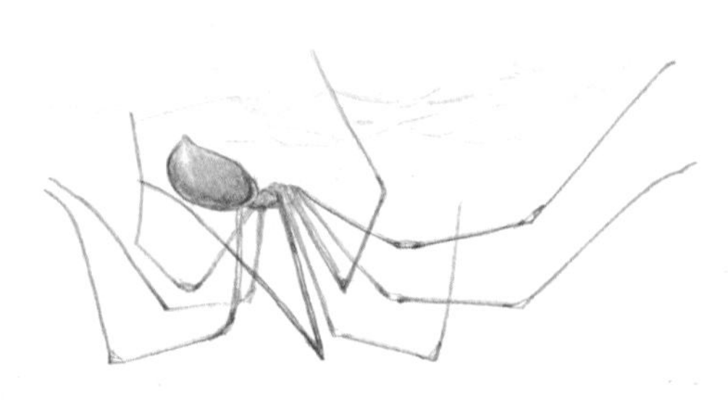

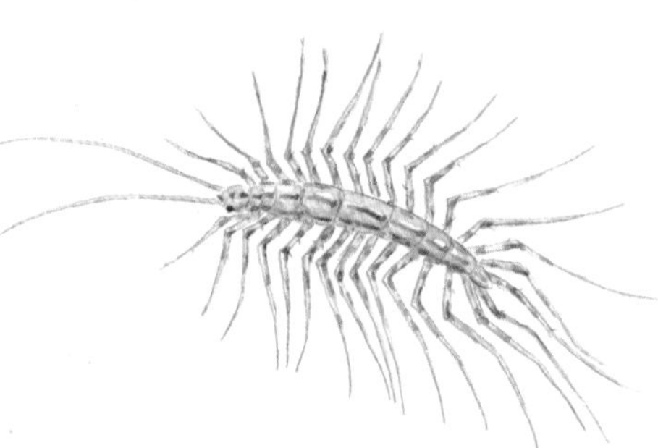

幽灵蛛

幽灵蛛倒挂在蛛网上，腿朝上，身子朝下。一旦有敌人入侵，它们就晃动蛛网，扰乱敌人的视线。

蚰　蜒

蚰蜒是一种奇特的千足虫，它们以蜘蛛为食，夜间在墙上神气活现地游走。

叮人的家伙

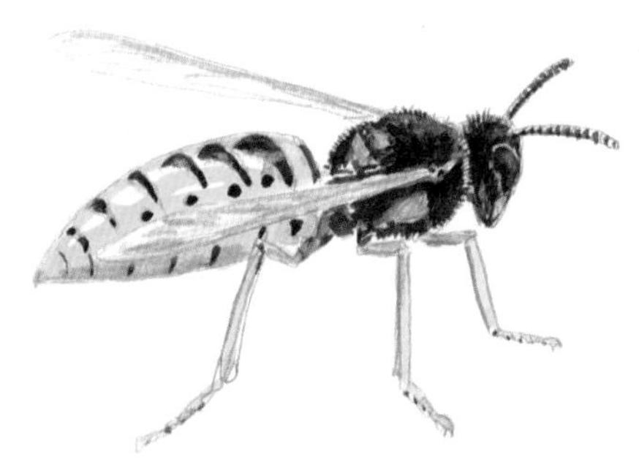

蚊　子

雌蚊子需要吸食动物的血液才能繁衍下一代。夜间，它们被人的体温所吸引，开始叮咬人类。它们的唾液中含有抗凝血剂，可以防止血液凝固……弄得我们很痒！

胡　蜂

和蜜蜂不同的是，胡蜂蜇了人之后还能将毒刺拔出来，继续蜇人。

我的发现：

- ☐ 家蝠 时间：________ 地点：________
- ☐ 石貂 时间：________ 地点：________
- ☐ 仓鸮 时间：________ 地点：________
- ☐ 欧洲山鼠 时间：________ 地点：________
- ☐ 家蝇 时间：________ 地点：________
- ☐ 家鼠 时间：________ 地点：________
- ☐ 德国小蠊 时间：________ 地点：________
- ☐ 棕蚂蚁 时间：________ 地点：________
- ☐ 家蛛 时间：________ 地点：________
- ☐ 丽楚蛛 时间：________ 地点：________
- ☐ 幽灵蛛 时间：________ 地点：________
- ☐ 蚰蜒 时间：________ 地点：________
- ☐ 蚊子 时间：________ 地点：________
- ☐ 胡蜂 时间：________ 地点：________

第36页答案:

1. 大汤勺
2. 一颗燃烧的陨星
3. 天文学家

第69页答案：

河狸: A-B-B

海狸鼠: C-A-C

水獭: B-C-A

Mon cahier nature été
By
Christian Voltz

图书在版编目（CIP）数据

玩转大自然Ⅱ：49个夏日创意亲子活动/（法）沃尔兹（Voltz，C.）著；刘天爽，王倩倩译. —上海：上海科技教育出版社，2015. 8（2018.3重印）

ISBN 978-7-5428-6281-5

Ⅰ. ①玩… Ⅱ. ①沃… ②刘… ③王… Ⅲ. ①自然科学—儿童读物 Ⅳ. ①N49

中国版本图书馆CIP数据核字（2015）第162739号

责任编辑 郑丁葳
装帧设计 杨 静
电脑制作 童郁喜

玩转大自然Ⅱ——49个夏日创意亲子活动
【法】克里斯蒂安·沃尔兹（Christian Voltz） 著
刘天爽 王倩倩 译

出版发行 上海科技教育出版社有限公司
（上海市柳州路218号 邮政编码200235）
网 址 www.sste.com www.ewen.cc
经 销 各地新华书店
印 刷 上海锦佳印刷有限公司
开 本 889×1194 1/16
印 张 6.5
版 次 2015年8月第1版
印 次 2018年3月第4次印刷
书 号 ISBN 978-7-5428-6281-5/N·950
图 字 09-2015-031号
定 价 36.00元